JN125859

仕事の 改善 に役立つ

ことばのデータ

活用法

QCサークル千葉地区 ［ 編 ］
山本 泰彦 ［監修］
猿渡 直樹 ［編著］

井上 研治
浦邉　彰
上家 辰徳
藤岡 秀之 ［ 著 ］

日科技連

は じ め に

　本書は、いわゆる記号学や言語学の本ではなく、「ことばのデータ」
を活用するための実用的な解説書として、QC界ではじめて読者のみな
さんにお届けするものです。セミナーで習得できたと思っていた新QC
七つ道具などの科学的手法を、実際に自分の業務改善には使えない、使
うとしても報告書を飾るアクセサリー的な使い方しかできない、などの
改善現場での悩みに応えるための考え方とその実践方法を詳しく紹介し
ました。日常業務でやり取りする「ことばのデータ」を、仕事の改善
や、長年解決したいと思っていた組織風土・組織体質の改善、上司から
依頼されている職場の問題解決などに活用するためのものです。

　「ことばのデータ」は、従来の改善活動では放置されてきた空白のツー
ルといっても過言ではありません。データというとすぐに数値データを
思い浮かべますが、QC七つ道具の特性要因図でも、ことばのデータを
活用する新QC七つ道具でも、その基礎となる「ことばのデータ」につ
いては定義化を含め、今までほとんど明確なロジックの整理がなされな
いまま使われてきたのが実状です。

　筆者らは、手法(作図)の作り方や作成手順に入る前の段階で、「こと
ばのデータ」の基礎を理解すべきと判断しています。まずは「ことばの
データ」について、明確な理解が必要である、という認識と、その上位
目的としてたゆまぬ改善と革新が求められている仕事の現場第一線で、
科学的手法の実用的な活用が進み、本来手法がもっている機能を正しく
発揮して、実際に仕事の改善に直結させたい、との強い思いから本書を
まとめました。今まで、品質管理活動や小集団改善活動などでは体系的
に活用されていなかった「ことばのデータ」によるアプローチから、新

たな解を導き出すのが本書の目的です。

　今まで、QC界では言語データと呼んでいたものを、本書ではことばのデータとしています。ここには、2つの大きな意味があります。会議やQCサークル会合、対話、説得、提案、説明、指示、依頼など、仕事のすべての場面で最初に交わされるのは、人間の感性や感情や意思や考え方が素直に入っている「ことば」です。この「ことば」を「言語」と言い換えたとたんに、仕事の現場の生々しいリアリティが損なわれてしまうことを恐れ、「ことば」としました。これは、「用語は思考に影響を与える」という着眼からです。「人は用語から受ける最初のイメージをその後の思考にも引きずってしまうことが多い」、これが企業現場の実感です。そこが「言語」ではなく「ことば」とした1つ目の意味です。

　もう1つの大きな意味は、「ことばのデータ」も可能な限り科学的に使いたいとの考え方です。一般的に、データといえば数値データが頭に浮かびますが、画像やことばや行動などもデータです。そして、「ことばのデータ」は、単純に数値データを補完するという解釈だけではありません。その本質的な価値や機能について、幅広く、今までにない視点や考え方を提唱しています。例えば、「ことば」は「思考」という考え方です。ことばは思考を促します。また、思考はことばとして相手に伝わり、記録されます。そのため、本書では「ことばを考える活動＝思考」とし、その関係を思考の強化ととらえて、紹介しています。つまり思考の強化は、ことばを通じて実際に手にすることができる、という考え方です。

　本書で提起する考え方やアイデア、着眼の多くは、数多くの企業現場での改善活動やQCサークル千葉地区の各種セミナー、改善事例発表大会などの仕事の現場、仕事の第一線で掘り出し、積み上げてきたものです。今も筆者らは現状に満足することなく、常にPDCAのサイクルを回して改善しています。たとえば、QC手法のセミナーを開催する場

合、参加者には事前にどんな手法を使っているのか、あるいは、どのような手法を習得したいのかなど、参加者の特性を把握するアンケートを行っています。テキストは毎年、前年度の反省を踏まえて、理解度向上のために書き換えます。講師は、講義内容とテキストを事前に幹事研修会でレビューし、さまざまな視点でチェックしたうえで、その結果をセミナーまでに修正します。また、セミナー終了後には、理解度はもちろん、有益性まで含めた参加者の評価結果をアンケートにまとめ、講義内容の改善に反映させます。したがって、講師にとって地区の行事は、ロジックを探求するための仮説、検証、修正を繰り返す実験室です。

　本書では、この実験室で得られたアイデアや考え方、視点などの多くを紹介しました。第3のQC手法ともいえる「ことばのデータ」を、ぜひみなさんの仕事に活かしてほしいと、願ってやみません。

2020年5月

QCサークル千葉地区

相談役　山本　泰彦

QC サークル千葉地区　2019 年度幹事・役員名簿（五十音順）

2020 年 1 月 15 日現在

氏名	所属	地区における役割
秋葉　重雄 （あきば　しげお）	千葉日産自動車株式会社	世話人／組織企画委員長
伊藤　裕康 （いとう　ひろやす）	双葉電子工業株式会社（FBS）	幹事
井上　研治 （いのうえ　けんじ）	元　山九株式会社	地区長
上田　武士 （うえだ　たけし）	日本製鉄株式会社	幹事
浦邉　彰 （うらべ　あきら）	南総 QC 同好会	幹事
上家　辰徳 （うわや　たつのり）	南総 QC 同好会	幹事
沖崎　健史 （おきざき　けんじ）	吉川工業株式会社	幹事
奥田　隆 （おくだ　たかし）	日鉄環境株式会社	副世話人／大会企画委員長
尾辻　正則 （おつじ　まさのり）	一般財団法人日本科学技術連盟　嘱託（元 住友建機株式会社）	顧問
柏木　祐介 （かしわぎ　ゆうすけ）	日鉄環境株式会社	幹事
五島　隆 （ごとう　たかし）	JFE スチール株式会社	幹事
猿渡　直樹 （さるわたり　なおき）	NSM コイルセンター株式会社	顧問
澤　達夫 （さわ　たつお）	住友建機株式会社	副世話人／研修企画委員長
柴田　伸哉 （しばた　しんや）	日鉄 SG ワイヤ株式会社	副幹事長
須永　賢治 （すなが　けんじ）	日本食研製造株式会社	幹事
能代　栄樹 （のしろ　ひでき）	南総 QC 同好会	幹事
日向　康太 （ひなた　こうた）	南総 QC 同好会	幹事
平田　靖 （ひらた　やすし）	三島光産株式会社	事務局／財務企画委員長
藤岡　秀之 （ふじおか　ひでゆき）	日鉄物流君津株式会社	幹事長
藤田　昭彦 （ふじた　あきひこ）	日鉄テックスエンジ株式会社	幹事
藤野　賢治 （ふじの　けんじ）	ビスタプリントジャパン株式会社	幹事
古山　和樹 （ふるやま　かずき）	山九株式会社	幹事
牧野　邦江 （まきの　くにえ）	濱田重工株式会社	幹事
三浦　忠栄 （みうら　ただえい）	JFE スチール株式会社	副事務局
宮下　優 （みやした　まさる）	日本食研製造株式会社	幹事
山本　泰彦 （やまもと　やすひこ）	元　千葉日産自動車株式会社	相談役

目　　次

第 I 部

ことばのデータを知る

第Ⅰ部では、ことばのデータとは何か、について、仕事の改善や職場が抱える重要な課題の解決に実際にすぐ役立つように、従来にない新しい視点でわかりやすく解説しています。

　ことばは、日常生活に深くかかわっているだけに、普段はその性質を深く考えることはありません。しかしこれをデータとして使うために、本書では、ことばの性質を新たな視点で深く掘り下げ、ことばをデータとして使うために必要な考え方や解釈を第1章で整理しました。たとえば、一部のことばには、真意（底意）と表意の二面的な性質があります。この二面性にどのように対処したらよいか、あるいはことばをデータとして使う場合、従来の認識では一般的に1つのことばは1つの意味を表すとして「一文・一意」を旨としていますが、本書では「一文・一意・多感」とし、新たな視点で解き明かしています。またことばのゆらぎを含め、ことばのデータの多様な価値観や可能性を提起しています。こうした特性から、ことばは人間だけが持つ特有のアイデアや創造性へのアプローチとも見なしています。

　本書では、明確に「ことばは思考」と位置づけています。ことばそのものは、目に見えない脳内の思考を見える化したものとして、ことばによる思考そのものの強化や、思考の活性化につなげる、もっとも人間らしい活動の一つであり、AIでは届かない領域の人間本来の活動として注視してきました。第2章でこれらを述べています。

　そして、ことばのデータを仕事の改善に活かすために、日常的に仕事の中で行き交うことばのデータの定義や形態、それを収集する場面、収集方法、ことばのデータの機能や本質的価値について、第3章では従来にない現場視点でわかりやすく紹介しました。QC七つ道具や新QC七つ道具などにかかわることばのデータのロジックについて、従来の空白を埋めるものとして探究し、広い領域でわかりやすく解説しています。

ことばの性質

　本章では、私たちが日常的に使っている「ことば」の性質を紹介します。本書で扱う「ことばのデータ」は、文字どおり「ことば」によるものであるため、まず「ことば」そのものを理解する必要があります。ことばは日常から生活の中に深く入り込んでいる、あって当たり前のものとして、その性質について特段深く考えたことがないだけに、ここで一度整理します。

■ 1.1　ことばの二面性：真意と表意について

（1）　真実ではないことば

　「嘘も方便」といいますが、人はことばにより「嘘」がつけますし、結果的に「嘘」を「ついてしまう」ことがあります。そして、「真実ではないことば」が生まれます。

　「情報発信者が意図していることばの本当の意味」を「真意」と呼称します。この場合、真意＝底意（言葉の底にある意味）と解釈します。

　たとえば、自動車ディーラーの商談室で、新車購入希望のお客様が、燃費についてご不満があるというケースです。経験を重ねた営業マンは、そうした場合でも、お客様との会話の中でお客様の真意を探って商談を進めます。このケースでは、その真意は車両価格が自分の予算よりも高いという意向であり、それを燃費への不満に置き換えて話していました。お客様は、車両価格について交渉したいけれど、気がひけていたのかもしれません。

　一方、「情報発信者がもっていることばの本当の意味とは違うことばに対する解釈」を「表意」といいます。先ほどの例でいうと、燃費への不満です。日本語は、１つの物事に対して多種多様な表現ができるという特性をもっていますので、意図せずに、真意と表意が生まれてしまいやすい傾向にあります。

　もし誰かが発したことばの「表意」をそのまま「真意」として受け止めて、何らかのアクションを起こしてしまったら、意図しない結果を招くことになります。そのため、ことばを発する側も受け取る側もそのことばが真意なのか表意なのか、十分に吟味しながらことばを取り扱う必要があります。特に仕事に使う「ことばのデータ」は、科学的に取り扱う必要がありますので、原因を追究する場面などでは、「真実ではないことば」を排除する必要があります。ことばのデータでも必ず実証や反証が必要となります。

　ところが、ことばを発信した人が、真意ではない、表意のことばを意図的に発信したのにも関わらず、ことばを受け取った人は、それを真意として受け取ってしまい、実証や反証をした結果、発信した人のことばは、真実ではないと判断してしまうことがあります。一般的には、「誤解が生じる」などといいますが、「真実ではないことば」の価値はここに潜んでいます。その価値を認めるためには、あることばが真実ではないとわかったときにそのことばを発した人がなぜそのことばを発したのかを真摯に深く追究することで、その人の人柄や置かれている状況がわかってくるということです。ことばだけで、その人が嘘つきだと判断してはなりません。つまり、ことばの裏にある背景を真摯に深く追求することで、「真実ではないことば」が生まれたいきさつなどの背景がわかり、そのことばの裏にある真理が見えてくるのです。

　「真実ではないことば」にも価値が隠されていることを認識して、そのことばは、「真実ではない」とばっさり切り捨ててしまわずに、隠された大事な何かを見逃してしまわないことが必要です。

　このように、どんなことばにも必ず何らかの価値があるのでその価値を見逃さない姿勢をもつようにしてください。

▌1.2　一文・一意・多感

（1）　ことばはいくつもの意味をもつ

　1つの「ことば」には、1つの意味が対応して定義づけられます。これを「一文・一意」といいます。しかし、この定義は、発信者の主観によるものであり、受け手側は発信者とは異なる意味として捉えることが珍しくありません。それは、受け手と発信者とは、価値観や知見が異なるからです。また、受け手は1人とは限らないため、極端にいうと、受け手の数だけの受け取り方があります。それが「多感」です。

（2）　一文・一意・多感

　ことばのデータを科学的に扱うためには、1つの意味に定義づけすることが重要だと思われるでしょうが、ことばのデータの大きな特長は「一文・一意・多感」だということです。なぜなら、ことばの主体は人であるため、それぞれの人が、歩んできた人生によって、感じ方が異なるのは当然のことだからです。それはその人本人にしかない貴重な価値であり、そこから新しい発想や意見が生まれてくるのです。ここにことばのデータのもつ大きな可能性がある、と筆者らは考えています。

（3）　多感でよいのか

　反面、仕事の中で使うことばが「多感」ばかりになってしまうと、意思疎通がうまくいかず、仕事がスムーズに進まなくなることもあります。したがって、「一文・一意を求めながらも、人によっては感じ方が異なる「多感」である」というように、多少の幅を容認しながら、ことばのデータに接したいと考えます。

　たとえば、「この道具をなおしておいて」という指示に対して、言われた人は「どこを修理するのか？」と思うでしょう。しかし実は、指示

した人は「この道具を片付けておいて」という意味で言ったのです。九州地方では、「なおす」といえば「片付ける」という意味になります。指示した人にしてみれば、「なおして」＝「片付けて」の一文・一意ですが、受信者はそうは取らなかったのです。この場合、指示の内容を一文・一意とするためには、より具体的に5W1Hを意識して指示することが重要となります。

1.3　ことばの「ゆらぎ」

（1）　ことばはゆらぐ

　人の考えはゆらぐもので、その人が発することばもまた同様です。したがって、ことばのデータには「ゆらぎ」があるということを認識する必要があります。特に日本語では、1つのもの、1つのことを表すのに、多様な表現方法があるため、ゆらぎは一層大きくなります。あることばが、事実データであっても、表現の仕方によって、受け手の取り方はゆらぐということになります。

　たとえば、「まるで鳥のようだった」と誰かに伝えたとします。自分は鳥＝鷹とイメージして伝えたつもりが、相手が、鳥＝すずめとイメージしていた場合には、その伝わり方は、大きく違ってくるでしょう。これも、ことばのゆらぎのひとつです。また、発信者の考えもゆらぐため、次にことばとして伝えたのは、「まるで飛行機のようだった」とします。すずめをイメージしていた相手は、「言っていることが違うじゃないか」と混乱するでしょう。

　また、何かを推定する際は、もっとゆらぎが大きくなっていきます。たとえば、「今年の夏は暑そうなのでアイスクリームがよく売れるだろう」と推定のことばを発したとします。その後、「今、空前の糖質ダイエットブームだ」という情報を得た結果、「今年の夏は暑そうなので糖

質を抑えたかき氷が売れるだろう」ということばに変わるかもしれません。これもことばのゆらぎです。推定するための情報が増えたために考えが変わり、その結果、ことばも変わることがあるのです。

　これらのことから、ことばのゆらぎとは、人の考えのゆらぎ、すなわち考えの変化によって起こるものと、人それぞれの主観の違いによって起こるものがあることがわかります。

(2)　ことばのデータもゆらぐ

　これらのことばのゆらぎは、そのままことばのデータのゆらぎとなります。では、ことばのデータを取り扱うときに、私たちはどのように対応すればよいのでしょうか。

　先の推定データの例では、状況が変わった場合には、すぐにことばのデータを訂正しても、そのとおりに受けとるとは限りません。なぜなら、伝える側と伝えられる側の主観の違いがあるからです。相手に何かを伝えるときには、相手の主観に立って相手が自分と同じ考えをもってくれるようなことばを選ぶと上手に伝わります。したがって、ことばだけではなく、絵や画像、実物を見せて自分と同じ考えをもってくれるような工夫も大切です。これらから、筆者らは、発信側と受け手側の主観を同じものにすればよいと結論づけました。

　では、どうしたら主観を同じにすることができるでしょうか。それには、お互いの認識が同じになるまで、徹底的に話し合うしかありません。ここにコミュニケーションの重要性の意味があるのです。

(3)　ことばのゆらぎが生み出す価値

　ここまで、ゆらぎのデメリットについて紹介しましたが、ことばのゆらぎには大きな価値が秘められており、すばらしいメリットをもっています。

　ことばのゆらぎは、これまで思いもつかなかった発想、アイデアを生み出すことができます。連想法であるブレーンストーミング法は、まさしくこのことばのゆらぎから新しい発想を生み出すものです。

　たとえば、ブレーンストーミング法は、参加者一人ひとりの考えのゆらぎ、それをことばとして人に伝えるときのゆらぎといった、あらゆるゆらぎを許容することで、新しい発想を得ようとする手法といえます。これは、ブレーンストーミング法の4つのルール、質より量、批判厳禁、自由奔放、便乗OKからくるものです。仮にブレーンストーミング法を行うチームの全員がまったく同じ主観をもっているとすると、その主観の枠を超えた新たな発想は出てこないであろうことは容易に想像できます。

　ゆらぐということは、すなわち固定されないということです。そこからさまざまな考えが思い浮かぶのです。したがって、積極的にことばをゆらがせることで、考えをゆらし、枠を超えた発想が得られるようにすることも大切なことなのです。

　このことばのゆらぎを考えるときに、私たちは、学校で習ったことばや小説を読んで学んだことばを自分なりに解釈し、時には辞書で使い方を確認して、ことばを選んで使っています。ことばは生きているといわれますが、時代や社会環境などによって、意味や使い方が変わってきます。これもことばがもつゆらぎの1つです。

　ここまで、ことばにもゆらぎがあることを述べました。このように、相手に何かを伝えるときには、より具体的なことばをいくつも重ねて使ったり、他の意味にとりようのないことばを使ったりして、ことばのゆらぎによるコミュニケーションミスを防止する必要があります。一方、新しいアイデアを発想するときなどは、発信者、受け手の双方が、ことばのデータを意図的にゆらがせることも重要になるのです。

表1.1　ことばの性質のまとめ

性質	内容
表意と真意(底意)	時に人は真実でないことばを発するので、なぜそのことばとなったのかを追究する姿勢が重要である
一文・一意・多感	仕事で使うときにはことばの意味の共有化を図ること、しかしながらそれぞれが持つ受け取り方から新しい発想が生まれるということも忘れてはならない
ことばのゆらぎ	特に日本語はゆらぎの大きな要素をもっているので、意思疎通をはかるときには明確なことばを使うこと。ただし、ことばのゆらぎを利用して新しい発想を得ることが現状打破につながる

1.4　ことばを使うために

　本章では、ことばの性質をいくつか紹介しました(表1.1)。ことばは空気のようなもので、日常で当たり前に使っているため、その重要さを見逃してしまっているのではないでしょうか。読者のみなさんが、このことに気づいていただければ、この本を出版した意義があると思います。ぜひ、ことばの性質と価値を再認識して、仕事に役立てるようにうまく扱っていきたいものです。

　また、ことばは、思考から生まれるものです。そのため、ことばをうまく使えるようになるということは、思考を訓練するということといえます。詳細は第2章で解説します。

【ミニ演習】

問 1.1

　次の文章の正誤を答えてください。

1. ことばのデータは1つの意味しかない。
2. ことばのゆらぎには価値がある。

3. ことばのデータから読み取る意味は、その人の知見や価値観を反映
   した多様なものである。
4. ことばのデータの中には表意と真意の二面性をもつものもある。

第1章　ことばの性質

ことばと思考

　本章では、私たちが日常的に使っている「ことば」と「思考」の関係を明確にします。特に「思考」を「ことば」にすることと、その逆に「ことば」から「思考」、そして行動へとつなげていく方法について、筆者らが積み上げてきた知見を紹介します。

▌2.1　思考の強化

　思考の強化とはなんでしょうか？　それは、頭の中で考えていること（思考）をことばに置き換えることです。実は、このステップが非常に重要で、これによって思考が強化されていきます。

（1）　知識の蓄積

　私たちは、日々さまざまな情報を知識として頭の中にインプットしています。また、これまで生きてきた中で得た多くの知識も頭の中に蓄積されています。その中には、経験から新たに得た知識もあれば、学校や職場で学んだ知識もあります。また、経験や知識から新たに自分の頭の中で考えたことも、新たな知識として頭の中に蓄積されていきます。

（2）　思考のアウトプット

　しかし、頭の中に考えを蓄積するだけでは、まだ実際には使えません。思考を実際に仕事に反映するためには、考えたことを「行動」に移して、頭の中のものを外に出すこと、つまりアウトプットすることが必要です。しかし、頭の中にあることが整理されていない状態でのアウトプットでは、直感的な判断での行動となるため、運任せとなることが多く、後からああすればよかった、こうだったらうまくいったのに、といった「タラレバ」の結果論で語ることになり、何の成長も得られません。これを思考が強化されていない状態といいます。

　頭の整理を行い、正しい思考を行う、つまり思考を強化するために
は、頭の中にあることを紙に書き出したり、人に話すことが有効です。
そうすれば頭の中のモヤモヤ感がなくなるだけではなく、紙に書き出し
たことや、人に話したこと、すなわち、整理されたことばにしてアウト
プットしたことは、改めて自分の頭の中にインプットされます。このよ
うなことばによる往復作業が思考の強化です（図2.1）。
　筆者は、思考の強化を促すために、悩んでいる後輩や研修の受講生に
対して、悩みがある場合は、「上手に書こうと意識せずに、殴り書きで
もいいから頭の中にあることを書きなさい」と、まずは「頭の中にある
ことを単純にことばにする」ようにアドバイスします。その際、素直な
感情表現で、頭の中にあることをできるだけ紙に書き出すことと、うま
い表現にしようとしないことがポイントです。ひとまず書き出すことに
よって、気持ちの整理や頭の整理ができて、悩んでいた事象に対して自
然と、抽象的な見方も具体的な見方もできるようになり、正しい考えが
芽生えてくるのが実感できます。

（3）　思考の強化の事例

　この応用で、筆者がよく使っている方法があるので紹介します。不愉
快なメールが来たときは、まずこちらの思いを感情むき出しで一気に返
信メールを書いてみます。ただし、決してそのまま発信してはいけませ
ん。若いころはそれで数多くの失敗をしました。
　次に、そのメールは未送信のままにして一旦寝かせます。そして後か
らその未送信のメールを開いて冷静に見直すと、頭と気持ちの整理がで
きていて、感情的な部分を前向きな文章へと書き直したりなどの冷静な
大人の対応ができるようになります。このように、「書く」ことによっ
て、感情も含めて思考の強化ができます。これは、筆者なりのアンガー
マネジメント（怒りを抑えて対処する方法）です。

第2章　ことばと思考

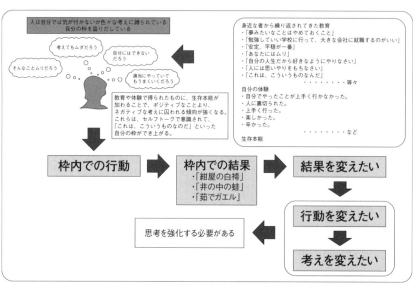

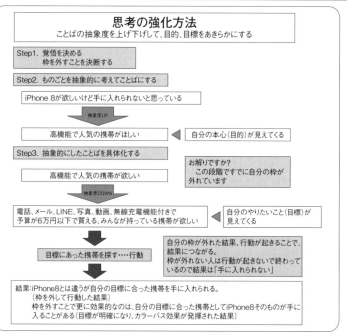

図2.1　思考の強化ロジック

▌2.2　思考を図解化する

　思考をことばにしてアウトプットするときに最も効果があるのは、図解化手法を使って書き出したことばを整理する方法です。図解化手法でのことばの使い方については第Ⅱ部で紹介しますが、図解化手法を活用することによって、ことばをより明確に論理的に整理できます。

　また、第3章で説明する図解化思考に仕組まれている、ことばの抽象度のハシゴを昇降するしくみによって、新しいアイデアが出やすくなるというメリットもあります。つまり図解化手法には、思考を強化しやすい仕組みが組み込まれているということです。

　このように、紙に書く、人に話す、図解化手法を使ってことばをまとめるといった方法によって、思考が強化されてより正しい考えに導かれ、行動を起こす意欲も湧いてきます。頭の中だけで思考を深めたり、発想を得たりするのは、生やさしいことではありません。なぜなら、頭の中だけで考えても、それだけでは頭の中の整理ができないからです。そのため、頭の中にあることを一旦ことばにしてアウトプットすることが重要となるのです。

　みなさんは、自分が知っていることや考えたことを人に話すことで、新たなヒントが得られて新しいアイデアが生まれたという経験をしたことはありませんか？　その理由は、人に話すことによって、頭の中が整理されて新たなインプットを得ることができて、思考が強化された結果、新たなアイデアを掘り起こしたからです。ことば＝思考を頭の中から表にアウトプットする方法によって、思考の強化度合いは変わってきます。思考の強化がされやすい順に並べてみると

　図解化手法を使う＞紙に書き出す＞人に話す＞セルフトーク
の順番になります。

　以上のことから、ことばにして思考を強化するためのポイントは、

① ことばにする過程で思考が整理される

② ことばにする過程でことばの抽象度を認識する。それにより、ハシゴの昇り降りが自然に頭の中で行われる

③ ことばにする過程で再インプットが行われやすい

④ ことばにする過程で相手の立場で考えるとまた別のことば（思考）に出会える

の4つになります。

　以下では、思考を強化する方法について説明します。

▌2.3　思考を強化する方法1：セルフトーク

（1）　セルフトークとは

　セルフトークとは、頭の中で行う自分自身との会話のことです。スポーツ心理学などでは、ポジティブなセルフトークを行う習慣をつけて、常によりよいパフォーマンスを出す方法などが提唱されています。人はいつも頭の中で自分自身との会話を行っていて、それが思考を始めるときのトリガーとなります。そしてこれは、思考の結果をアウトプットする始まりにもなります。

　つまり、何かを考えるときに、そのテーマについて、「この現象は、どういうことなんだろう」というように、自分自身に問いかけること（セルフトーク）から考えはじめます。そして、考えている最中も、「これはこうで、こうだからこうで」というように、論理的に自分自身に問いかけています。最後に考えの結論を出すときも、「結局わからないや」とか「そうだ、これはこれこれこうなんだ」というように、自分自身に問いかける形で考えをまとめ、話したり、紙に書きだしたりして、行動に起こすためのアウトプットにつなげています。人が思考するために、セルフトークは切り離せないものです。

（2）　セルフトークの特長

セルフトークには、以下の特長があります。

①　ネガティブな思考になりやすい

人はどうしても悪いほうに思考を向けやすいという特性をもっているようです。考えていることが本当に真実なのか、その都度確認していくことが重要です。

②　他責にしがちになる

一般的には、自分を守りたい、という自己防衛本能が働くため、環境や他人のせいにして納得感を得る傾向があります。現実には他責の考えではなにも始まりません。本当に環境や他人が悪い場合でも、それらを自分で変えていくためにはどうすればよいかという視点を、常にもっておくことが重要です。

③　考えがまとまりにくい

セルフトークでは、「ああでもない、こうでもない」と考え込んでしまって、先へ進まなくなる傾向があります。そのため、人に話す、紙に書く、図解化手法を使うことが必要です。また、考えがまとまらないときには、一度考えていることから離れて、他のこと、特に体を動かすことや単純な作業を行ってみてください。突然、よい考えが浮かんでくることがあります。時には、寝てしまったほうがよい場合もあります。単純なウォーキングなどは、思考の場面転換に有効です。

④　考えたことを忘れやすい

頭で考えただけのことは、すぐに忘れてしまい、再現できない場合があります。枕元に常にメモ用紙を準備しておくなど、考えついたことは、すぐにアウトプットできるようにしておくことが必要です。まず、書き出して思考を記録することが大切なのです。話す相手も、紙も鉛筆も何もない状態でセルフトークによる思考を強化するためには、日ごろからセルフトークをことばで考えている状態と捉え、論理的な思考法が

第2章　ことばと思考

できるように習慣づけることが必要です。これにより、思考の強化はさらに進展していくでしょう。

　以上のようにセルフトークは、意識しないとネガティブなものになりがちです。セルフトークをポジティブなものに変えていくのには、意識的にセルフトークを行うことが必要になります。

(3)　よいセルフトークと悪いセルフトーク

　ここまで述べたように、人は四六時中ものごとを考えていますが、それはセルフトークで成り立っています。そして、セルフトークには、よいセルフトークと悪いセルフトークがあります。

　悪いセルフトークは、前述したセルフトークの特長にあるようなネガティブなセルフトークです。こうなるのは、事実をもとにしたセルフトークになっていないからです。特に不確定な将来について考えるときには、ネガティブな方向に進む傾向があります。なぜなら、事実をもとにした考えではないため、人間の本能から、自分の身を守るために悪い状況を想定してしまい、不確定な将来を勝手に描いてしまうからです。そうならないためには、今に集中することです。その結果が1秒先や遠い将来をよい方向に導いてくれるはずです。

　一方、よいセルフトークとは、常に事実をもとに論理的に自分自身と会話しながら考えている状態です。事実をもとに将来の絵を描いているとはいえ、それは仮定であることを理解しているので、さまざまなケースの将来を描くことができるようになります。当然、悪い状況も描くことになりますが、悪いセルフトークと違って、最終的には、論理的によい将来へ向かう方法を考えることができます。

　新QC七つ道具にPDPC法という手法があります（**図2.2**）。PDPC法は、仮定決定計画図法ともいわれるように、将来の状況を想定して、それぞれの進捗段階の状況に合わせて成功に導くような実行計画をシナリ

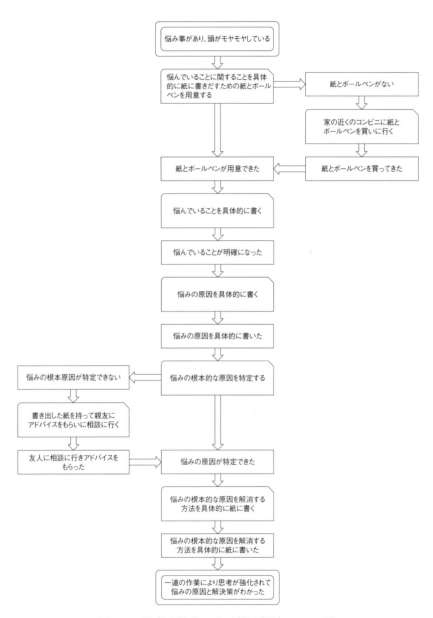

図2.2 思考の強化による悩み解決 PDPC 図

第2章 ことばと思考

オ化するものです。したがって、個人で作図すれば、セルフトークをことばにする図解化手法になります。

　セルフトークでこの PDPC 法を使うと、思考は強化されて、セルフトークはよいものになります。その結果、目標達成に向けて感情が高ぶり、行動もポジティブになって、よりよい結果が生まれることになります。これは、図法を使うことで、セルフトークを意識的に行うことができるためよいセルフトークになっているのです。

　たとえば、みなさんの仕事で何か問題が起こり、関係者が集まってワイワイガヤガヤと意見を言っている場面を想像してください。だいたいこういうときは、結局話がまとまらず、解決策があやふやなまま、なにも結論が出せないということが多いのではないでしょうか。

　そんな際、みんなの意見をホワイトボードにでも書き出し、矢印などの記号を使って意見をまとめ、みんなが納得するようなわかりやすい結論を導き出せたら、一人ひとりが問題解決のために何をすればよいかがわかり、俄然やる気が出てきます。ワンチームになる瞬間です。

　このようなことを 1 人でいつもできるようにすることが、よいセルフトークを意識的に行う秘訣です。

▌2.4　思考を強化する方法２：人に話すこと、人に説明すること

　自分が考えていることを人に話すときには、話したい内容が相手によく伝わるように話をしたいと誰もが思います。そのため、頭の中で話す内容を整理するようになり、思考は強化されます。人に話す準備をするだけで、思考は強化されるのです。以下に人に話す際のポイントを整理します。

（1）　擬音や形容詞、身体全体を用いた表現を使う

　人に話す時のポイントとしては、人に伝えるために擬音を使ったり、形容詞を多用したり、時には身体全体を使った表現も役立ちます。これらは、そのままにしておくとすぐに消えてしまいます。したがって、何らかの形でアイデアを記録することが重要です。

（2）　紙に書き出して説明する

　紙に書き出す方法とその重要性は、すでに述べたとおりですが、ここではもう１つ、重要なポイントを紹介します。それは、一旦自分の立場を離れて、部下や上司、お客様など、関係する相手の立場で物事を考えてみることです。異なった視点から考えることで、異なったことば(思考)に出会えるかもしれないからです。そういうスタンスで、人に説明するつもりで紙に箇条書きに書き出すと、新たな気づきが得られ思考が強化されるのです。

（3）　図解化手法を使って説明する

　思考の強化に最も効果があるのは、図解化手法を使うことです。図解化手法で代表的なものは、1977 年に故納谷嘉信博士が中心になって提唱された新 QC 七つ道具です。この手法は、数値データを解析する QC 七つ道具に対して、多様化していく時代の中でことばのデータ(言語データ)を処理する手法の大切さが認識されて、開発された手法です。この手法でのことばの使い方は後の章で紹介しますが、ことばを扱う手法の共通の特徴は、思考の強化が強力に働く効果があるということです。これらの、手法の作成手順を正しく踏むことで自然と思考の強化ができるようになっています。アイデアの発想に必要なことばの抽象度のハシゴを自由に昇降できます。さらには、自分の頭の中への再インプットも自然に行われます(図 2.3)。新 QC 七つ道具には、前述した思考の強化に

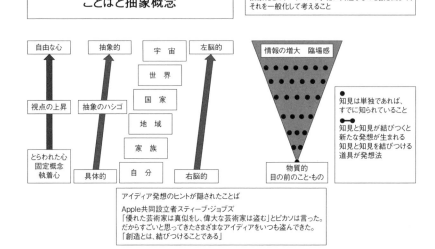

図2.3　ことばと抽象概念

必要な４つのポイントを自然に踏む仕組みが込められています。また、グループでこの手法を使うと、ブレーンストーミングと同じような連想が行われ、手法を使っていく過程でグループ内でのコンセンサスが取りやすくなります。さらには、新QC七つ道具の図にコメントを少し入れるだけでプレゼンテーションの資料として使えます。泥臭い生のデータによる見える化のため、相手の理解を得やすくなる効果もあります。

2.5　思考の強化トレーニング

前節では、思考の強化の重要性と思考の強化方法について述べましたが、ここでは、思考を強化するためのより具体的なトレーニング法を説明します。

（1）　ことばを文字化する習慣をつける

①　メモ魔になる

人からメモ魔と呼ばれるくらいに、とにかく書いて、習慣化します。一流の記者は、人前でメモすることがはばかれる場合、すぐトイレに入ってメモをすることもあるそうです。

②　付せんに書く

付せんにそのことばを書いて、すぐ1枚1葉に整理します。第5章で後述する「ことばのデータのまとめ方」の「要約カード」の作り方を参照してください。付せんに書いておけば、すぐに図解化ができるのでその準備にもなります。

③　何でも気軽に図解化して俯瞰する

どんなテーマでも、手軽にざっくりと図解化してみます。

（2）　さまざまな場面で今まで紹介した思考の強化方法を使う

QCサークルの会合に限らず、仕事相手への提案、説明などの場面で、よいセルフトーク、紙に書く、図解化して人に話すことを実践しましょう。そうしたことを自分のスタイルにできれば、訓練は実力となります。みなさん、やってみてください。

【思考強化訓練】

＜ルール＞

人とは話し合わない。時間は3分間

＜訓練手順1＞

何でもよいので、頭に浮かんだことを手を止めずに書き続ける。話し言葉でもよい。単語だけでも、感情表現でもよい。

＜訓練手順2＞

訓練手順1で書き出したものを見て、次の方法でまとめる。

①　1つの文章は1つだけの意味をもった文章とする

② 主語＋述語形式で書く

③ 箇条書きする

2.6　思考を強化した結果のアウトプット：要約カードづくり

後述しますが、ことばのデータのまとめ方には、要約型と箇条書き型の2つのパターンがあります。

梅花の宴の場面を令和と号し一言でその内容を要約したように、多くのことばのデータを1つにまとめるタイプを、本書では元号型（要約型）と呼称します。一方、憲法のように一言ではまとめにくい内容を箇条書きタイプに要約したものを憲法型と呼称します。実際にことばのデータの要約カードをまとめる場合のイメージとしてこの2タイプがあるということを理解したうえで、要約カードの作成に当たってください。

ここでは、要約型（元号型）について説明します。要約型でまとめたことばは要約カードと呼称しますが、それを作る目的は、思考して具体的にした複数のことばをまとめ合わせて、1つの意味合いのことばにするように思考を強化した結果をアウトプットすることです。ことばをまとめ合わせるとは、ことばとことばに共通する特徴を抜き出して、ひとつのことばに要約することです。このことばの言い換え操作は、ことばとことばの抽象度を高めた新しいことばに言い換えることです。また、抽象度が高められた新しいことばを見たときに、もともとのことばを思いつくことができなければなりません。

たとえば、**図2.4**のように「A君は最近元気がない」、「A君は最近よく休む」、「A君は昨日仕事でミスをした」、「A君のお母さんは通院していると聞いた」の4つのことばがあるとします。この4つのことばの抽象度を高めて、新しいことばとして、「A君はお母さんの体調不良が

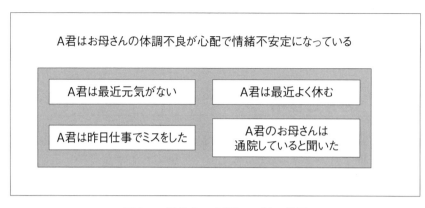

A君はお母さんの体調不良が心配で情緒不安定になっている

A君は最近元気がない　　　　A君は最近よく休む

A君は昨日仕事でミスをした　　A君のお母さんは
　　　　　　　　　　　　　　通院していると聞いた

図2.4　要約カード例　A君の状況

心配で情緒不安定になっている」とします。

　この例のように、新しくことばをつくることを親和図法や層別図解法では「表札」といいますが、「表札」と表現をしますと、家の表札をイメージしてしまいことばという記号の罠にはまってしまうので、この表札のことをQCサークル千葉地区では、「要約カード」と呼んでいます。「要約カード」とは、ことばとことばの抽象度を高めたことばのカードという意味です。

　要約カードは、これまでにない新しい発想、アイデアを生むために必要なものです。頭の回転の良い人、ひらめきが早い人は、頭の中で要約カードを作っているといってもよいでしょう。

　新しいアイデアは知識の点と点をつなげて線で結ぶことで生まれるといわれますが、これは、新しいアイデアは、既存のアイデアの組合せによって生まれるという裏付けによるものです。これをことばのデータに置き換えると、「ことばとことばの共通の特徴を抜き出して新しいことばを作る、あるいは言い換えると今までにないアイデアが生まれる」となるでしょう。新QC七つ道具や層別図解法などの図解化手法を使ってことばをまとめると、要約カード作りは容易にできるようになります。

ここでいうことばとは、当然のことながら「思考したこと」に置き換えて考えるとよいでしょう。

█ 2.7　思考と仕事

　仕事の進め方で、科学的に思考することは重要です。科学的ということばを辞書で引いてみると、「考え方や行動の仕方が論理的・実証的で系統立っているさま」とあります。つまり、論理的・実証的であれば、正しい考え方、正しい行動ができるということです。往々にして人は自分の知識や経験があるなしに関わらず、そのときの感情や思い込み、決めつけで考えたり、行動したりする傾向があります。そのため、科学的に思考して行動することが、必要不可欠なのです。

　アップル創業者のスティーブ・ジョブズ氏は、「すべてのアイデアは、過去に見たもの、聞いたものの上に築かれる。クリエイティビティは、組合せによるものであり、完全なオリジナルではない」と述べています。つまり、よい思考の結果を得るためには、まずは知識や経験を多く積むこと、さらにそれらを単なる知識や経験として終わらせるのではなく、拡散思考でことばとしてアウトプットし、それを収束思考で新しい1つのことばにして、さらにアウトプットしていくというステップを踏むことが重要なのです。そして次のステップは、新しい1つのことばを実現可能な具体的なことばに落とし込むことで、すなわち、具体的に行動してモノやコトを生み出すところまでいって、はじめて思考したことの価値が生まれるのです。思考することは楽しいものです。みなさんも、ぜひ楽しんでください。

2.8　遊びから思考強化訓練を行う

　筆者は昔ウィンドサーフィンを趣味にしていましたが、少しでも早く
海の上を走るために、ウィンドサーフィンが走る原理を勉強しました。
また、最近ではサイクリングを休日の楽しみにしています。

　ウィンドサーフィンは風がないと走れません。また自転車は、追い風
は味方で、向かい風は大敵です。そこで私は、「向かい風にも負けない
速い自転車を作りたい」という願いから、思考の遊びを行ってみまし
た。

　知識1　学ぶ、教わる、経験する：ウィンドサーフィンは風の力で進
　　　　む

　知識2　自転車の最大の敵は風である

　知識1(点1)と知識2(点2)を線で結ぶと…

　アイデア1：風の力を利用して自転車を走らせればよい

　知識3　風には追い風、向かい風、左右の横風がある

　アイデア1(点3)と知識3(点3)を結びつけると、次のアイデア2が生
まれます。

　アイデア2：ホイールのスポークが、A〜B〜Cの間、開くと向かい
風Wに押されてホイールの回転力が強くなり、結果として自転車が
早く進む。そして、スポークがC〜D〜Aの間は、閉じて向かい風
Wの影響を少なくするとよい。追い風の場合は、上記スポークの開
閉パターンを逆にする。

　また、左右からの横風の場合には、スポークが風の方向に対して
45度の斜め方向に開くようにすれば、横風を自転車の推進力に変え
ることができる(図2.5)。

　実現の可否は別にして、思考の遊びはとても楽しいものです。遊び感

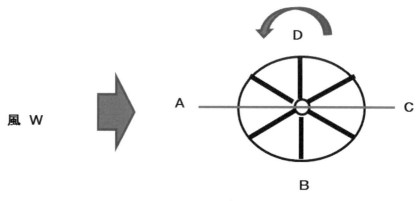

図2.5　アイデアメモ

覚で思考の強化訓練ができるので、ぜひ、みなさんも思考を楽しんでみてください。

2.9　母国語思考

　わたしたちがものごとを考えるときには、どのような「ことば」で考えればよいのでしょうか？

　母国語思考とは、自分が生まれ育った国のことばで物事を考えることです。グローバル化の進んだ現代社会では、自分の国のことをベースにした考えでは、世界を相手にして戦えないのではないか、といわれます。では、日本人である筆者が海外にものを売る際、その国の言語で考えないといけないのでしょうか？

　少なくとも、筆者は今、日本語で考えます。日本語で考えるということは、日本語特有のさまざまな表現の仕方で考えるということです。筆者の場合、日本人としてのアイデンティティであるおもてなしの心、思いやりの心が働いた結果のアイデアが生まれます。母国語思考とは、相手のことを自分の国のことばで考えることであり、母国語思考を大切に

することは、すなわち、自分自身の個性を発揮するということでもあります。

▌2.10　ことばは思考に影響し、思考は行動を規定する

マザーテレサの名言に、以下に示すものがあります。

「思考に気をつけなさい、それはいつか言葉になるから、言葉に気をつけなさい、それはいつか行動になるから、行動に気をつけなさい、それはいつか習慣になるから、習慣に気をつけなさい、それはいつか性格になるから。性格に気をつけなさい、それはいつか運命になるから」

とても深いことばだと思います。まさしく、人の思考がその人のアウトプットに影響しているということだと理解できます。

マザーテレサのいう「言葉」は、アウトプットの「言葉」です。昔から日本には、「言霊」という考え方があります。簡単にいうと、不吉な言葉を口にすると不吉なことが起こり、よい言葉を選んで使うとよいことが起こる、という考え方です。これもアウトプットの「言葉」です。

しかしながら、再三述べてきたように、思考はセルフトークによることばから始まります。したがって、筆者らは「ことばは思考に影響し、思考は行動を規定する」という解釈でことばのデータを駆使するようにしています。ここでいう「ことば」とは、アウトプットではなく、セルフトークによるインプットとなる「ことば」です。私たちが想像する以上に、「ことば」によって考え方やそこから起こる行動、習慣が支配されているのです。

身近な例として、さまざまな言い伝えが挙げられます。たとえば、「雷にへそを取られる」や「ご飯を食べてすぐに寝ると牛になる」など、人の行動を戒めるためのことばがたくさんあります。これらは、

- 雷が鳴っているときは、危険なので外出するべきではない
→　へそを取られたくなかったらへそを隠す、すなわち布団にもぐって外出しないようにする
- 食後すぐに横になると消化によくない
→　牛になる、と怖がらせることで、すぐ横になることを避ける

という論法で人の行動を制御し、健康に過ごすための方策を簡潔に示すものです。

しかし、言い伝えが作られた意図を忘れてしまうと、「家が火事になっているが、雷が鳴っているので外に出られない」、「非常に体調が悪いが、食後すぐなので何が何でも横になって休むことはしない」というように、本末転倒となってしまいます。くれぐれもことばに支配されないように、ことばを自分に有意義なものとして使うことが、「ことばのデータ」を使ううえで重要です。

筆者らはことばのデータの体系を作り上げるに当たっても、たとえば「表札」を「要約カード」と置き換えたり、「言語データ」を「ことばのデータ」と置き換えたりして、受け取る側が正しく理解できて、しかも受け入れやすく、また使いやすいものにするための工夫をしています。思考を行うときには、ことばに思考が規定されていないか、注意を払う必要があります。

【ミニ演習】

問 2.1

次の文章の正誤を答えてください。

1. 目に見えない頭の中の考えをことばとしてアウトプットすることで、思考は強化される。
2. 思考の強化とは、ただ考えることである。
3. ことばのデータを図解化することは、思考の強化につながる。

4. 要約カードには、要約型(イメージは年号)と箇条書き型(イメージは
　　憲法)の2つのパターンがある。

5. 他責の中から自責を探すのは、思考の強化の一つといえる。

第2章　ことばと思考

ことばのデータ
とは

3.1　ことばをデータ化して活用する

　企業の改善現場では、QC 七つ道具(以下 Q7)・新 QC 七つ道具(以下 N7)をはじめとする科学的手法や、テーマ選定シートなどの QC 小道具が、数多く活用されています。

　しかし、一部の企業を除き、その多くは、本来の使い方ではなく、社内外の大会向けの要旨集や報文集など、上司および社内 QC 事務局に提出する報告書を飾るアクセサリーとして使われている傾向が伺えます。科学的手法は、問題や課題に切り込むツールです。決して、報告書の体裁や見栄えを整えるために使用する後付けのツールとして使うものではありません。

　こうした実状を前にして、筆者らは、QC 活動における手法教育のどこかに大きな欠陥があるのではないかと考え、カリキュラム、講師の資質、テキストや演習ツール、教育システムなどに目を向け、改善を進めました。

　しかし、受講者のセミナーへの満足度は向上するものの、セミナー終了後の職場での QC 手法活用状況は、大きな改善成果は見られず、「手法の名前は知っていても使われない」という状況の改善には至りませんでした。研修と実務の間にある高い壁を崩せなかったのです。

　そこで、「なぜそのような状況になっているのか」を、視点を変えて考えてみたところ、Q7 や N7 のセミナーでは、手法の根幹ともいえることばのデータの定義や解説が受講者に行き届かず、不十分なまま先を急ぐように、手法の機能や作成手順にセミナーの時間が割かれていることに気づきました。

　そして、基本となることばのデータについての教育が、不足したままで手法教育をした場合、研修の場では、何となくわかったつもりになっても、実際に自分の仕事へ応用しようとする際に、立ち往生してしまう

という実態を知ったのでした。

　こうしたことばのデータについての負の蓄積から、特に N7 は難しい、N7 はあいまいだというイメージが、一部の企業で広がっています。その理由のひとつとして、筆者らは、「言語データ」の種類区分に問題があるのではないかと考えました。

　一般に、言語データの種類は、事実、予測、推定、発想、意見の5区分と定義されています。しかし、発想と意見のデータを比較したとき、それぞれのデータのボーターラインは、不明確です。また、予測と推定も同様な問題を抱えています。これに加えて、こうして苦労して区分しても、事実データ以外、その後の使い道は特段に定められていません。つまり、使い道がないものを区分するという、ムダな作業が行われているのです。

　このように、Q7、N7 をはじめとする QC 手法教育では、ことばをデータとして取り扱う際の基本的な考え方や定義の説明が不十分なまま、何のために手法を使うのかという本質よりも、いかに作図するかを重視した作図手順教育により、手法教育そのものが形骸化し、その結果、さまざまな弊害が生じています。

　これを解決するためには、従来「言語データ」として扱われていたものを「ことばのデータ」として定義や考え方を整理し、わかりやすく活用できるようにすることが重要です。

　そのため、QC サークル千葉地区や、日本製鉄株式会社東日本製鉄所では、2010 年（新日本製鐵君津製鐵所時代）ごろより、QC 研修のカリキュラムに「ことばのデータ」の単元を組み込み、理解度向上につなげています。

　また、QC サークル千葉地区では、現在の職場が求める「スピード感」で、ことばのデータを処理する「層別図解法」という新たな QC 手法を開発し、成書として出版しました（『アイデアを生み出す超問題解決

法　層別図解法』(日科技連出版社、2016 年))。

　この手法は N7 の周辺手法として認知され、現場における改善活動を支援する新たなツールとして活用されています。

　企業現場の方々が、実際に何に困っているか、どんな悩みを抱えているのか、そのリアリティに常に接しながら、何とか現場の支援を行いたいという思いで活動してきました。

　つまり、企業現場の方々がこういうものが欲しいと願いながら、まだ QC 改善活動を推進する企業現場に存在しない QC 活動を進めるために重要なパーツを提供することも、本書の目的のひとつです。

　では、「ことばのデータ」について、次節以降で解説していきます。

▌3.2　ことばのデータとは

（1）　ことばのデータの定義

　データには、数字で表現する「数値データ」と、言葉で表現する「ことばのデータ」があります。

　数値データとは、「あるものの質量を量ったり、時間を計ったり、面積・距離を測ったりした値や、計算で出た値」で、数値データには、数えることで把握する「計数値データ」と、量ることで把握する「計量値データ」、そして単純に順番を表す「順序データ」があります。

　「ことばのデータ」とは、「「考える」、「書く」、「話す」、「見る」、「読む」、「聞く」の 6 つの場面を通じて得たことばのデータから思考されたものであり、それを文字としてアウトプットしたもの」です。

　私たちの仕事に役立つデータには、この他にも音声画像データや行動データなどもありますが、本書では、ことばのデータに焦点を当てて解説していきます（表 3.1）。

表 3.1　データの種類

データの種類	定義・内容・解説
ことばのデータ	「考える」、「書く」、「話す」、「見る」、「読む」、「聞く」の６つの場面を通じて得たことばのデータから思考されたものであり、それを文字としてアウトプットしたもの
数値データ	あるものの質量を量ったり、時間を計ったり、面積・距離を測ったり、野球の打順のように順番を定めたりした値で、いずれも数値だけで構成されるデータ
音声データ	人が発した発生音で母音や子音で構成されたもの
画像データ	あらゆる事象を視覚化したもの

第3章　ことばのデータとは

（2）　ことばのデータの本質的価値

　みなさんは、山登りの経験があるでしょうか。経験の浅い時代、若い時には、勢いにまかせ登ったり、ただ歩き続け思いついたら休憩を取るといったことはありませんでしたか。

　経験を積むに従い、「歩幅は小さく」、「定期的に休憩をとる」などのコツをつかむと、心地よい気持ちの中で、頂上を楽にめざせるようになります。これらのコツの本質は、「疲れをためないこと、こまめに疲れを抜くこと」といえます、コツをつかむということは、この本質を理解していることといえます。このように、ことばのデータも、その使い方の本質を整理する必要があります。そこで、ことばのデータの本質的価値を次の５つに整理しました。

　①　すでに知っていることをわかりやすく整理できる

　見える化や、言語化されていない経験や価値に基づく知識（暗黙知）を、文章や図表、数式などで表すことによって、客観的に言語化できる知識（形式知）にすることです。

　②　知っていることを起点に未知を探ることができる

　私見データ（3.3 節で解説）を膨らませ、創造力などをさらに増すこと

です。

③　**心情や感情など見えにくい人間の内面を表すことができる**

自分自身や他人の心情・感情など、表面的には見えにくい心の状態を、ことばを通じて見える化することができる

④　**判断し、意思決定するなど行動を促すことができる**

ことばのデータによって思考の方向を定め、自分自身の意思決定や判断の根拠とすることで、行動につなげることができる

⑤　**思考を展開し、掘り下げることができる**

ことばのデータを展開することで、考え方を広げたり、深く考えることにより、今までにないアイデアに出会うことができる

(3)　ことばのデータの機能

「ことばのデータ」の機能には、「考える」、「書く」、「話す」、「見

表3.2　ことばのデータの機能

機　　能	内　　容
考える	知識や経験などに基づいて、筋道を立てて頭を働かし判断し結論を導き出すこと
書　　く	自分の所持品に名前を書くなど、文字や符号を単一的に記すことや、日記や著作のように文章として文字を記すこと
話　　す	相手が理解し受け入れてくれる前提として、人が音声言語を発し相手に伝えること
見　　る	視覚によって、風景をはじめ、物の形・色彩・行動の様子などを知覚すること
読　　む	小説など文章で書かれたものを、一字一句声を出していうこと
聞　　く	自然体で声や音が、無意識の中で入ってくることや、心を集中して注意深く耳に聴き止めること

＊ただし、読む場合には黙読、聞く場合には傾聴など、状況により詳しく表現する場合もある。

る」、「読む」、「聞く」の6つがあります（表3.2）。これらの機能は、仕事はもちろん、日常生活全般において、あらゆる場面での活用が可能です。

（4）　ことばのデータの性質

①　ことばをまとめること

ことばのデータを活用する際は、集めたことばのデータを、まとめていくことが必要になります。QC手法の見方でいうと、「要約カード」を作成する、と言い換えられますが、ことばのデータの価値は、この「要約カード」が継承していくといっても過言ではありません。

しかし、逆にいうと、ことばのデータをうまくまとめる、すなわち「要約カード」をうまく作成できないと、ことばのデータを十分に活用することはできません。そして、この要約カードのまとめ方は、特に初心者には難しいといわれます。

そのため、この過程で行き詰まって、ことばのデータをムダにしてしまうことが数多く見受けられます。ことばのデータのまとめ方、要約カードの作り方については、基本的な手順から新たな方法や考え方を第5章で紹介しています。

②　「一文・一意・多感」

第1章で述べたように、ことばは「一文・一意・多感」という性質をもちます。そして、ことばのデータも同様です。

3.3　ことばのデータの分類

（1）　事実データと私見データの定義を分類

ことばのデータは、「実際に経験したこと、計量値や計数値など実際に存在する結果など」の事実データと、「感情を含めた意見や、空間的

広がりをもつ発想、将来についての予測、および願望を含めた推定など、「個人的な見解」の私見データの2種類としました。

(2)　事実データと私見データの価値

　ことばのデータは、その種類で価値が決まるわけではありません。つまり、単純に事実データのほうが私見データよりも、ことばのデータとしての価値が高いわけではありません。データの価値は、そのデータを使って次の思考をどのように導いていくのか、そして、どんな価値を掘り起こすかによって決まってくるものです。

(3)　「言語データ」と「ことばのデータ」の違い

　ここで、「言語データの区分は2種類ではなかったような…」と疑問に思う読者の方がいるかもしれません。確かに、従来のQC界の言語データ論では、3.1節で述べたように、事実・意見・発想・予測・推定についてもそれぞれ区分し、事実データを含め5種類の区分としていました（表3.3）。

　しかし、実証または反証可能な事実データ以外の4分類は、どの種別に区分するかの判断基準が不明確なため、入門者にはわかりにくく、混乱を招きやすいという欠点がありました。

　このことは、単なることばのデータの種類区分に留まらず、結果的にはことばのデータを使う手法自体が難解であり、定義があいまいなどの印象をもたれる要因ともなっていました。

　たとえば、

- 日本で白色の乗用車が多いのは、どんな服装の色にもマッチしやすいからだ
- 日本で白色の自家用車が多いのは、汚れが目立たないからだ

という、2つのことばのデータがあったとします。これらが個人的な

表3.3　言語データの5区分

種　類	内容
事実データ	事実を記述したもので、実証または、反証可能な事実。「2019年度の日本シリーズで優勝したのは、福岡ソフトバンクホークスだ」など
意見データ	個人的な主義・主張や、想い・好き嫌いなどの嗜好。「赤い車が世の中で一番かっこいい」など
発想データ	創造や新たな思いつき（アイデア）。「ことばのデータを中心としたN7は、日常生活にとても役立つので早速活用してみよう」など
予測データ	現在わかっている状況から将来を推し量ったもの（時間の概念で推測）。「1月の降雪量はとても少なかったので、年間降雪量も昨年度並みには達しないだろう」など
推定データ	現在わかっている一部の状況から全体像を推し量ったもの（面積の概念で推測）。「この洋菓子は、千葉県で爆発的な売れ行きだったので、関東地方全域でもたくさん売れるだろう」など

表3.4　従来の言語データの区分と使用例

種　類	使　用　例
事　実	車の塗装の色のひとつとして、ホワイトがある
意　見	車の塗装は、ホワイトが一番よい
発　想	車の塗装は、全車両ホワイトに限定すると面白い
予　測	今月ホワイトが一番売れたので、年度でも過去最高に売れるだろう
推　定	千葉県でたくさんホワイトが売れたので、全国でたくさんホワイトが売れるだろう

「意見データ」であるか、または新たな着眼による「発想データ」であるかは、誰もが迷うのではないでしょうか。

　このように、意見と発想の種類は、きちんと線引きし、みんなが納得する定義を定めることはかなり問題があります。**表3.4**の例を見ても、事実以外の意見と発想、推定と予測の区分は多くの人を悩ませます。

第3章　ことばのデータとは

表3.5 「ことばのデータ」の区分

種　類	考え方
事実データ	事実を記述したもの。実証または、反証可能な事実
私見データ	事実以外の意見・発想・予測・推定によるもの

　また、事実データは、N7の「連関図法」を使う場合に、できるだけ事実データをベースにして作図するという使い方が確立されています。しかし、他の4種類のデータは、そうした活用方法は今日において確立されていません。

　そこで本書では、事実データは実証または反証可能な事実データとして定め、それ以外の意見・発想・予測・推定データは一括して私見データとしました(**表3.5**)。

　ことばのデータに関するN7を中心としたQC手法の入門者が、手法を学ぶ前の段階で、長年迷っていたことばのデータの種類区分の悩みや迷いを一掃し、本来の手法がもつ本質的価値や機能に目を向けていただきたいからです。

(4)　事実データはすべて実証可能か

　事実データは、(1)で述べたように、「実証または反証可能な事実」です。実際に存在しており、経験して得た事柄であり、明確な根拠や数字で表せる結果などがあります。たとえば、富士山は、「標高3,776m」で、「日本一高い山」であることは事実データです。同様に、信濃川は、「全長367km」で、「日本一長い川」であり、「長野県では千曲川と呼ばれ、新潟県に入ると信濃川と呼ばれる」ことも事実データです。

　しかし、事実データはすべて実証可能かというと、必ずしもそうではありません。先ほどの例でいえば、富士山の標高や信濃川の全長は計量値であり、精密な数字を出すことは不可能です。

　また、太陽や超新星爆発で生成されるニュートリノは、存在すること
と、超純水において捕捉できることは理論上わかっていましたが、事実
として確認することはできませんでした。1987年、小柴昌俊教授は
ニュートリノを世界で初めて検出することに成功し、ニュートリノの実
在を証明し、ノーベル物理学賞を授賞しました。

　このように、1987年以前は、「ニュートリノは存在する」は、事実
データとはいえなかったのです。しかし、（厳密に）測定できないから、
といって、同じように「富士山の標高が3,776m」は事実データとはい
えないのでしょうか。そのようなことはありません。これらの例のよう
に、理論上確立されている事象であっても、事実として実証可能ではな
いこともあります。

　もっと身近な例として、会社の人事案件や成績考課は、決して公表さ
れませんが、明確な根拠となる書類やデータがあるはずです。これも
実証可能ではない事実データといえます。

　このように、事実データは、すべて単純に実証または反証が可能とい
うわけではないことを、念のために前提としてご理解ください。

（5）　私見データの活用例

　仕事に限らず、常にさまざまなことを連想しながら私たちはそれぞれ
の生活のPDCAサイクルを回しています。

　以下の私見データの事例で、それぞれの意思決定を想定してみてくだ
さい。

　朝のニュースで、天気予報を同じアパートに住む主婦のAさんとB
さんが見たとします。天気予報は、「低気圧が近づいており、晴れてい
ても、これから曇りだし、その後小雨が降りだす」とのことでした。

　Aさんは、今現在とても晴れていることから、午後から曇りだし夕
方ごろ小雨に変わると予測し、洗濯物は夕方に取り込んでも間に合うと

判断して屋外に干し、外出しました。

　一方Bさんは、雲の流れの速さから、早々に曇り午後早めに振り出すのではないかと、自分の経験を踏まえて推定し、外に干さず市内のコインランドリーに走りました。このように、天気予報を見たAさんとBさんは、それぞれ別の行動を起こしました。結果的には、どちらも正しいものでした。

　このように、これから起こりうることを想定し考えるために必要なデータが、意見・発想・予測・推定を包含した「私見データ」です。

3.4　ことばのデータの留意点

（1）　事実データと私見データの区別

　ことばのデータを活用する際は、事実データの数を多くとり、そこに私見データによる見方を入れ、総合的に判断することが大切なのです。

　ほんの一例ですが、事実データと私見データの留意点を示す事例を紹介します。参考にしてください。

　筆者がガード下を歩いているときに体験した話です。3台の自家用車が通過していったとき、ほぼ同じタイミングでそれぞれの車のヘッドランプが点灯し、すぐ消灯しました。筆者は3台ともオートライト機能が付いた車だと直感しました。

　3台ともメーカーは違いましたが、この3台のうち、3台目の車が一番早く消灯し、2台目の車が最後に消灯しました。それを見た筆者は、どのメーカーの車の反応が早いのか比較し、メーカーごとの性能を評価し、結果「3台目のメーカーのセンサーの感度がよい」と考えました。

　しかし、帰宅してから調べたところ、センサーの感度は車両ごとに調整可能であり、またその反応時間も調整できることがわかりました。

筆者が見た「3台の車のヘッドランプが点灯・消灯するまでの時間に差がある」ことは、もちろん目測ですが、「事実データ」です。しかし、「3台目のメーカーのセンサーの感度がよい」という誤った結論にいたってしまいました。

　重要なのは、自分の思考について、何が事実データにもとづくもので、何が私見データにもとづくものか考えるとともに、その事実データ・私見データの性質を理解することです。

(2)　ことばの二面性に注意

　ことばのデータを活用するためには、第1章で述べた「ことばの二面性」を知っておく必要があります。意図するかどうかは別にして、ことばと同様に、ことばのデータには、必ずしも真意ばかり含まれているとは限りません。

　日常生活でもよく見られるように、人は本音と建前を使い分けます。そのため、異なった2つの面をもつデータが含まれる可能性があります。したがって、ことばのデータを扱う際は、できるだけ真意、すなわち本音を読み解くことが重要です。

(3)　抽象度の上げ下げ

　ことばのデータには、広範囲に物事を考える広い概念を示す「抽象度の高い」もの、詳細を具体的に述べる「抽象度の低いもの」があり、そ

第3章　ことばのデータとは

の抽象度は、多くのハシゴ（段階）から成っています。そのため、抽象度の低い具体的なことばから抽象度の高いことばに発展させていく場合、全体最適とか、全体を俯瞰するなどの思考が働きます。

　一方、抽象度の高いことばから抽象度の低いことばに下げる過程では、より細密にものを見つめる思考が働きます。このように、ことばの抽象度の上げ下げというものは、実は思考の過程そのものなのです。抽象度とそれに伴う思考をハシゴの昇り降りにたとえることにより、仕事の意味や目標などを広い視野から捉えられるようになるので、必然的にモチベーションが高まるなど、さまざまな場面で効果を発揮することができます。詳細は 3.6 節で解説します。

（4）　ことばのデータを仕事に活かす

　どちらが原因に近く、どちらが結果に近いか、ということばのデータ間の関係性を見ることは、重要な着眼点です。他にも、どちらに上位の価値や概念があるかなども参考にします。

　本書で紹介する新たな着眼やアイデアは、企業の改善活動や研修で顕在化したものから発掘されています。たとえば付録では、改善活動の現場で長年磨かれてきた、一つの英知ともいえる重要なことばのデータを紹介しています。

　これらは、すべて仕事にそのまま活かせるものです。また、これは単に QC 手法を学んで活用するためだけのものではなく、新型コロナウイルス終息後のこれからの時代にどのように向き合って、どのように生きていくかなど、自身の成長にもつながっていく内容となっています。

　本書では、科学的手法を有効活用するためには、その土台となる理念や哲学も同様に重要というスタンスをとっています。この 2 つはお互いに影響し合い、相乗効果を発揮します。

▌3.5　抽象度とは

（1）　抽象と具体について

　抽象を、やさしいことばで表現するなら、物事をあえて広く高い視点
でとらえ、多くの価値や事象を包含する状態、といえます。また、具体
をやさしいことばで表すなら、物事を低く限定した狭い視点でとらえ、
詳しく細かく見ることで新たな発見や気づきがきちんとした形で現実的
に認識される状態、といえます。

　この抽象と具体を考える際、私たちが住んでいる「場所」で考えると
理解しやすくなります。

　図3.1 では、宇宙をもっとも抽象度が高いととらえ、そこから徐々に
絞り込み、筆者の住んでいる具体的な場所である君津市をもっとも抽象
度が低い、ととらえています。

　いかがでしょうか。漠然としてモヤモヤした抽象度の高い状態から、
物事がきちんと認識できる抽象度の低い状態となり、具体的に表現され
ていることが見てとれます。

図3.1　抽象度の上げ下げ

第3章　ことばのデータとは

（2） 抽象度の高低について

　抽象度の高い状態から低い状態に進めること、またその逆に、抽象度の低い状態から高い状態にさかのぼっていくことを多く経験することは、ことばのデータを活用する特性要因図や系統図などの QC 手法を、上手に活用するための重要なポイントです。たとえば、要因追究であれば、1 次要因として「〜なのは、〜だから」と考え、最小の文章で表します。そして、1 次要因として表した述語を主語に置き換えて、2 次要因を探るのです。この方法で徐々に抽象度は低くなり、より直接行動につながる具体的な要因に近づきます。

　同様に対策の追究も、「〜するためには、〜を実施する」で表して、次の具体的実施項目に近づけるために「〜を実施する」を「〜するためには」に置き換えていくと、実行可能な対策になっていきます。

　このように、ことばを短い文章で表現することは、数値データを扱うように単純にはいきません。ことばの抽象度の上げ下げの操作そのものが、思考を促します。つまり、ことばは思考、「考える＝思考」ととらえることが大切です。

　抽象度を高くあるいは低く展開するには、思考のステップが必要になります。このことからも、ことばには他には見られない大きな価値が含まれていることがわかります。

　このように、抽象度の高低を行き来することが、ハシゴの昇降に似ているので、この展開による効果をラダー（ハシゴ）効果と呼んでいます。

　ラダー効果の価値は、抽象度のハシゴを昇り降りすることで、柔軟な発想が得られることだといわれています。次節では、事例を交えてラダー効果について説明します。

（3） 抽象度の事例

　抽象度についてより身近に感じられるように、お客様に喜ばれる製品

を作る製造業の作業標準書についての事例を紹介します。

　私たちは、毎日おおむね決まった標準作業を安全に実施するために作成された、安全衛生作業手順書にそって作業を遂行しています。

　その上位文書として位置づけられているものに、温度管理や材料の強度などを定めた技術標準があります。

　そして、その上位に、よい品質の製品をお客様に満足して買っていただくという顧客満足に徹した会社方針があります。

　このように、しっかりとしたしくみが構築されているおかげで、お客様が満足するものを提供でき、社会貢献もできています。これを抽象度の高い表現である会社方針から、具体的表現である実作業に向かって抽象度を下げていくと、以下のような表現になります。

　機能面に優れ、安全な製品をお客様に喜んで買っていただくことで、会社は存続します。

　そして、未来に向かって成長していくために、お客様が要求する耐久性や安全性に優れ、かつ安価で品質のよいものを一定して生産するための技術標準を定めています。

　その技術標準のもと、私たち作業者は、安全最優先のうえで効率よく

表3.6　作業標準書の抽象度

抽象度	方針・規程・標準など文書	内　容
高　い ↕ 低　い	会社方針	お客様が喜んで購入していただくために、会社はどう行動すべきかを定めたもの
	技術標準類	お客様が要求する商品の機能（耐久性や安全性）を満足していただくために決められた材質や製造温度などを定めたもの
	安全衛生作業手順書	作業者が、安全最優先で要求されたものを効率よく生産するためにどのように行動するかを定めたもの

第3章　ことばのデータとは

52

生産するために、安全衛生作業手順書にそって日々の作業を遂行しています。

　以上、作業者の立場で抽象度について説明しました（**表 3.6**）。ぜひ一度、自分の働く会社に置き換えて、自らの仕事の抽象度のポジションを整理してみてください。

▌3.6　ラダー効果とは

　前節でも少し説明しましたが、ラダー効果とは、ある事象について抽象度という切り口から事象を展開し、広義にまた狭義に抽象度を昇り降りして考えることによって、新しい発想や発見ができるという効果です。現在の抽象度合いの高さにおいて問題としている事象が、抽象というハシゴの、どの位置にあるかを再認識し、意識して昇降することで、新たな発見や発想を導き出すことができることが重要なのです。

　ハシゴの高い位置がよいとか、ハシゴの低い位置がよいということではありません。山に入って１本１本の樹木の成長を見たい場合は、ハシゴをしっかりと降りて詳細を確認する。山の樹木の分布を見たい場合はしっかりとハシゴを上って状況を把握する。このように、ハシゴを昇降することによって、新たな発想や発見が生まれることが大切なのです。

　例として、企業における社長と社員の抽象度の高低を考えます。社長は、会社全体の業務を把握し指示を出すので抽象度が高い仕事をしている、一方社員は、自身に任された業務を遂行するので抽象度が低い、というわけではありません。

　会社では、班長・係長・課長・部長・取締役など、それぞれの役職があり、一体化して顧客満足を求めて日々作業しています。たとえば課長は、課の課題に対し実態がどのようになっているかを把握するために職

場対話を実施します。また、社の方針をきちんと押さえるために、社の運営会議に出席もします。

　企業において、社長は山頂から広く俯瞰し会社の全体を把握し、また指示を出すためにハシゴを下りて情報収集を行って、最適な業務運営の指示を出す、というように、ハシゴの昇降をしています。若手社員も、操業最前線で働きながら上司との対話により得た情報で質の高い仕事を行います。

　そうして各自がハシゴを昇降する中で、今まで自分では気がつかなかった他部署との問題や考え方に触れ、今までの仕事の進め方を改善・修正することがあれば、それはラダー効果の一つといえます。

　また身近な例として、山に登るときを想像してください。チェックポイントとして、2合目や5合目を通過すると言います。その時の周囲の景色を思い浮かべてください。1合目あたりはうっそうとした森で、樹木の種類が1本ずつわかります。

　さらに登っていくと、樹木のない岩場になります。そして眼下を見ると、先ほど通った広大な森の範囲が手に取るように見えてきます。山頂に近づくほど山麓との違いが明確になります。

　まとめると、ラダー効果とは、ハシゴを上がればよいとか、下がって下から見ればよい、というものではありません。持ち場や立場で考えたことを広義に、また狭義により深く考えを深化させ、抽象度の高低というハシゴを昇降することで、新たな発想や発見を得ることなのです。

▌3.7　ことばのデータのまとめ

　本章のまとめとして、ことばのデータは、思っていることを自由に表現できる人や語彙を多くもっている人しか使えないというものではありません。仕事の改善に取り組む方なら、現場の作業者から班長などの作

業指揮者まで、みなさん有用なデータを提供してくれます。自分は表現力が乏しいから、とか思うように筆が進まないからと自ら高い壁を作らないで、気楽に着手してみることが、ことばのデータを上手に使う近道です。まずは日常業務の中で、身構えることなくことばのデータを自然体で使っていくことで習熟していくという特性をご理解いただければ幸いです。

【ミニ演習】
問 3.1
　次のことばのデータを事実データと私見データに区分してください。
1. 南アルプスの北岳は日本で 2 番目に標高が高い。
2. 北岳は秀麗な姿な山で気に入っている。
3. 靴のサイズを測ってもらったら 26cm だった。
4. 東京オリンピックが待ち遠しい。
5. 年末には株価が 27,000 円になるとの見方がある。

第Ⅱ部

ことばのデータを
使う

第Ⅱ部では、ことばのデータを実際の仕事や問題解決にどのように使うかについて、第Ⅰ部で紹介したロジックを、実際にどのように着手し仕事に活かしていくかについて、実践面ですぐに役立つようなレベルで具体的に解説しています。たとえば、ことばのデータの具体的な集め方やその留意点をわかりやすく記述しました。同時に、脳内にあることばのデータをどのようにアウトプットし見える化する方法や、ことばのデータを活用する最終段階でのまとめ方について、第4章から第5章で詳しく解説しています。

　また、本書では特にことばのデータの活用という面で、今後、仕事の現場で重要視しているいくつかの新QC七つ道具について、本来の活きた使い方を提起しました。単にQCサークル発表要旨を装飾するアクセサリー化が懸念されるような定型的、形骸化した一部の手法の使い方から脱却し、本来のあるべき科学的手法の活きた使い方と、留意点を広く考察しました。具体的には、第6章から第8章にかけて、PDPC法や連関図法、マトリックス図法などの本来の機能を活かす上手な使い方を探究しました。

　第9章では、ことばのデータを実際に現場でどのように具体的に活用したかの実例も詳しく記述しました。その内容は、会社や上司からのトップダウンでやらされ感と他人依存で低迷していた実在のQCサークルが、ことばのデータを活用して、全メンバー一体となって、自らの人間性の向上と自律型人財へ見事に成長し発展していく過程を、生々しくドキュメント形式で丹念に紹介します。

　同時に、実践活動として欠かせないことばのデータの教育方法は、QC七つ道具に代表される数値データ系教育にない特有の難しさがあります。また、セミナーでは一見理解したと思っていても、実際に自分の仕事には使えない、という実践面での高い壁があります。この克服方法も手法の実用化を促進するものとして、第10章で紹介しています。

　付録では、現場で語り継がれる仕事の改善に役立つ珠玉の名言や、ことばのデータに早くから着目していた、新QC七つ道具の開発者の方々の先見の明とその想いの一端にも触れています。

ことばのデータ
の集め方

　本章では、具体的なことばのデータの集め方をご紹介します。データとしてのことばは、さまざまな場面で活用されます。ことばのデータを集めるためにも、ただ単にメモをとるだけではなく、さまざまな方法があり、ことばのデータとしての活用の仕方や、ことばを集める状況によって使い分けられます。

　たとえば、一般に募集をかけて集めたい場合にはポスターを作って応募してもらう、サークルでアイデアを出したいときには対話をする、会議では大事なことを忘れないように議事録を作る、などが挙げられます。つまり、ことばのデータを集めるのに、何か特別なことをするのではなく、みなさんが日常の仕事の中で行っていることを「ことばのデータを集める」と意識して行えばよいのです。

　本書を手に取ったみなさんは、QC活動に携わっている方が多いと思いますが、ことばをデータとして扱えるのはQC手法だけではありません。QC手法に限らず、何か物事を考える活動、つまり思考する活動では、誰もがいつも行っていることです。そうした前提を理解いただいたうえで、本章を読み進めてください。

▊4.1　集めたことばのデータの活用方法

　まずは、何をするにも、何のためにそれを行うのか、ということを考えておくことは大切なことです。それによって行うことのやり方が変わってきます。

　ことばのデータは、「考える」、「書く」、「話す」、「見る」、「読む」、「聞く」の6つの場面から集めます。それぞれの場面から集めたことばのデータは、その後、どのように活用されるのでしょうか？　もっとも一般的なのは、その情報を自分自身の思考に「インプット」し、「必要なときに必要な人が理解し活用できるようなことばに転換してアウト

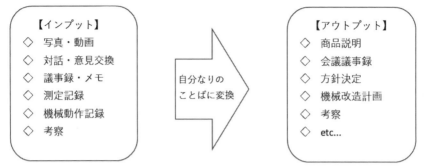

図4.1　情報のインプットをことばのアウトプットへ変換する例

プット」していくという活用方法です。その例を図4.1に示します。

　図4.1ではあくまでも一般的な例を示しましたが、ことばのデータを
QC手法などを使い1つの解としてアウトプットしていくことは、「自
分なりのことば」をQC手法などを介して工夫して作るということです。

4.2　ことばのまとめ方について

　仕事においてなじみ深いことばのデータの集め方として、会議や打合
せの議事録作成時が挙げられます。しかし、いざとなると敬遠する人は
多く、「えっ、私が書記ですか？」、「司会と代わってくれない？」など
のやりとりをよく耳にします。書記を敬遠する理由は、人が会議で話し
たことを一言一句間違えずに、聞き取り、記録しなければならないと思
っている人が多くいるからではないでしょうか。しかし、仕事の場面で
作成される議事録は、話しことばを書きことばに代えて、「発言者の言
いたいポイントを自分のことばに変換してわかりやすく伝達する」とい
ったシンプルなものなのです。

　議事録作成において重要なことは、まず、決まったことを、明確に書
くことです。そのうえで、議論の末にようやく決まったようなケースで

は、どのような検討の結果決まったのか、その経緯が示されていればより有効でしょう。また、何も決めることができなかったとしたら、そうした会議の結論として、決定事項はないことをその理由とともに率直に記述しておきます。読み手が知りたいことを簡潔に、時系列で書くなどの工夫があれば申し分ありません。

　議事録でことばのデータをまとめる目的は、会議内容をアウトプットとして、次のアクションにつなげること、出席者の失念防止および、欠席者への内容お知らせなど、関係者全員との情報共有にあります。したがって、会議の規模によって書き方を使い分けることも一つの方法です。例えば、QCサークルの会合の議事録などは決まったことのみをメモ程度で書き出すだけで十分なのです。作成する時間、読む時間を短くできるよう、スピード感のある議事録にすると、関係者に喜ばれることでしょう。

（1）　事例

　ここで、議事録の具体的な作成事例を紹介します。以下は、議事進行の中で書記がとった議事メモです。

議事メモ

Aサークル会議

日時：2019.9.11　　　場所：Bビル会議室

出席者　田中、鈴木、木村、佐々木(書記)

佐）　今日集まってもらったのは、1月開催の人財育成セミナーの
　　　役割分担を決めること。みんなはどう思っているか？

田）　まずは当日の出席者を確認してからにしましょう。当日来ら
　　　れる人は？　→田中・鈴木・佐々木　3人出席できます。

佐）　私は主任講師を依頼されているので、基調講義は実施します

が、講義1と講義2はどうしようか考えています。

鈴）　講義1は田中君のほうが長けていると思うので、私は講義2をやろうと思います。田中君は講義1でいいかな。

田）　大丈夫です。私もそうしたほうがよいと思っていました。

佐）　では講義1は鈴木君、講義2は田中君とします。もし当日急遽欠席となったときは、どうするかも話しておきましょうか？

田）　木村君は当日来られないよね？

木）　当日は、運転免許の更新に行く予定なのですが、どうしてもということであれば、その日程をずらすこともできますよ。

佐）　じゃあ悪いけど、もしもの場合もあるのでそのときは免許更新の予定を変更して、研修への参加よろしく。

田）　資料関係は大丈夫かな？

鈴）　一応全員分完了しています。期限は8月エンドでしたので。

佐）　じゃあ、講師が変更になってもいいように、みんなすべての講義資料に目を通しておいてね。

全員）　了解しました。

田）　他に決めておいたほうがいいことは？

木）　当日の集合時間はどうしますか？

佐）　現地に8時集合なので、7時までに駅に集まりましょう。

第4章　ことばのデータの集め方

　この議事メモからことばを集めて、議事録を作成します。会議終了後書記は、すみやかに議事メモをもとにして会議議事録を作成します。この際にグズグズと先延ばしにすると、エビングハウスの忘却曲線でいえば、1日たてば、人は会議の内容の74%のことを忘れてしまうことになるので、記憶にあるうちにすぐ書いたほうが、早く簡単に作成できるのが議事録なのです。これが議事録作成の勘所です。

　図4.2に、作成した議事録の例を示します。

Ａサークル会議　議事録

配布先：Ａサークルメンバー全員

◇Ａサークル会議　日：2019.09.11
◇場所　Ｂビル会議室
◇出席者：田中、鈴木、木村、佐々木(書記)
○議題　１月開催の人財育成セミナーの役割分担

1.　当日集合時間は７時に駅前に集合とする
2.　役割分担
　①　主任講師・基調講演：佐々木
　②　各講義担当講師
　　　講義１：田中
　　　講義２：鈴木
　③　急遽講師が欠席となる場合は、木村講師がサ
　　ポートに入る。
　④　全講義資料作成終了。全員がすべての講義を
　　担当できるように事前に全資料を予習すること。
　　　　　　　　　　　　　　　　　　　以上

図4.2　作成した議事録(一例)

　会議の中で書記をするということは、会議中に議事メモをとることで、ことばのデータ集めから、会議後会議の議事録を作成することで、つまり、ことばのデータのまとめ方まで一貫して行うということなのです。

　ポイントは、話しことばを書きことばに代え、決まったことのみ書くことです。上手に表現にするなどということは考えずに、無駄な情報は省き、簡潔に伝えることです。

　また、私見データは補完程度にして、事実データで記載することが大切です。先にも述べたように、議事録作成は、多くの方が経験していることで、必要なスキルを身につけている方も多いかと思います。しかし、ことばのデータを扱う一連のコツを秘めた仕事のひとつなので、あえて頭の体操もかねて最初に取り上げさせていただきました。次からは、現場でよくあるシチュエーションをイメージして、ことばの集め方に特化して紹介していきます。

▌4.3　ミーティング(対話)からことばを集める

　よくあるサークルミーティングの話ですが、ミーティングが終わった後で、こんな意見をよく聞きます。

- サークル長が一方的に話をして終わり、理解できなかった
- 楽しかったけど何も決まっておらず、雑談で終わった
- ベテランと若手の意見が合わず、何も決まらないで結局もやもやしている
- 何をやっていいのかわからず、どう進めたらよいか不安
- 何を話したのか忘れてしまった

　対話するだけでは、忘れてしまったり、何をやっていいか決まらなかったりで、せっかくの対話がムダになってしまうことがよくあります。その原因は、きちんとした議事録が作成されていないことにあります。しかし、現場で働く方々の多くは絵やことばを書くことに慣れていません。したがって、まず会議中に議事メモを作成し、それをベースに議事録を作成することをおすすめします。つまり、議事メモで具体的なことばを集めるのです。昨今ボイスレコーダーが普及し、音声をキャプチャして文字変換するアプリケーションソフトの精度も上がってきています。こうしたITを駆使することで簡単にことばのデータを集めること

もできます。

4.4　日常会話の中からことばを集める

　ことばを集める場は、会議だけではありません。日常会話からも集められます。しかし、それをすべて記憶できる人はいないので、メモを取る癖をつけることが重要です。誰かが気になることを話したときは、メモを取り、内容ごとに、製造・設備・人事・材料などにあらかじめ層別しておくと後で情報を引き出すのが簡単になります。各メモの冒頭に目次を作っておくという工夫も、よりわかりやすくなります。ベテランの文字にできないノウハウをメモしておき、後で上手にことばに代えていくと、技能の伝承にもなります。

4.5　数値データからことばを集める

　ものごとを定量的に数値データで示すことは、事実管理においては必要なことであり、重要なことです。しかし、数値データだけでよいのかというと、必ずしもそうとは言えません。数値データとことばのデータが補完し合ってこそ、ふたつのデータが生きるのです。

　たとえば、**図4.3**の気温・湿度のグラフを見せられて、「注意してください」と言われても、具体的に何をどうしたらいいのか、これではわかりません。

　しかし、グラフに加えてグラフから判断できる、次のようなことばを補足すれば、数字だけよりも、そして数字をもとにしたグラフだけよりも、より具体的になります。

　　• 9日にかけて気温が下がるので、設備の油温が下がっていないか点検をすること。

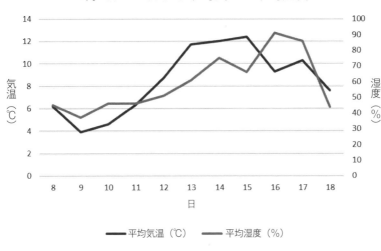

図4.3　予想気温・温度のグラフ

・13日は大雨になるので、お客様用に傘立てを準備すること

・16日に低気圧が来るので、結露と降雪に注意すること

　このようなことばのデータを付け加えることで、グラフはより一層価値を持ったものになるのです。

　また、旅館に泊まった際に、旅館の女将さんは、「今日のお風呂の温度は42℃ です」とは言いませんし、「お肉の焼き上がりは80℃ なので気をつけてお召し上がりください」とは言いません。人はあくまでも高い数値(温度)であれば熱い、熱ければ火傷に注意、という連想から、「お熱いのでお気をつけください」という注意喚起をしてくれます。しかしながら、「熱い」という基準には人により違いがあります。したがって、女将さんは、「今日のお風呂は42℃ ですので、少し熱いかもしれません」とことばのデータの中に数値データを入れたり、実際のお風呂場に温度計を置いておくなどの工夫も大切になります。

第4章　ことばのデータの集め方

4.6 現場観察からことばを集める

　これは五感(視覚・臭覚・聴覚・味覚・触覚)によるものです。現場だけでなく、映像や写真、レコーダーなどの情報です。数値では表しにくい事象をことばで表現する、という極めて難しい部分ですが、これができるのは現場の人の五感です。現場の人々の得意分野といっても過言ではないでしょう。**図4.4**の写真は誰が見ても「りんご」です。

　この「りんご」の写真から、ことばのデータを集める練習をしてみましょう。
- 果物
- 赤い
- おいしそう
- 1つある

普通はこの程度だと思います、しかし、農園の方や青果店の方になると、
- お尻の部分が黄色やオレンジ色に色づいている(蜜入りしている)

という情報(ことば)が出てくるのです。

図4.4　りんごの写真

　現場観察のデータは、それを作ったり使ったりしている方々がよく見ているため、気づきも多く、そもそもの設計と違う動きや現象、普段と違う臭いや音などを見つけることができます。したがって、そこから測定をして数値化するのもよい方法です。日常点検は、ことばのデータ集めとも言えます。

　QCサークル活動のテーマが決まらない。わからないといった方々には、現場・現物・現実(三現主義)の中にたくさんのヒントが隠されています。現場の設備が「助けて〜！」と悲鳴を上げていませんか？　よく観察して、ことばのデータで助けてほしい箇所を拾い上げ、助けてあげてください。

▎4.7　広くことばを集める

　製品・サービスについて後工程や市場の調査をして、自分が仕事した結果の「出来栄え」を確認する必要があります。これを行わないと、プロダクトアウトになり、消費者ニーズが把握できず、したがって、PDCAが回りません。このPDCAのサイクルを回すために、アンケートでの調査は有用です。

　アンケートを作る際は、アンケートの目的、ターゲット(年齢層や職種など)、期間、集めるべき数を決めて実施することが大切です。また、アンケートの質問項目の設計次第で、事実と反する偏った意見が集まるリスクがあることも理解しておく必要があります。さらには、アンケート記入の負荷を軽減させるために○をつけるだけにする、質問項目は絞り込むなどの工夫も必要です。また、アンケートに示された貴重なことばのデータを、前工程へ情報(ことば)をフィードバックさせるなど、関係者全員の共有財産とすることも意識しなければなりません。当事者、前工程、後工程を含め、お互いが協力してよい製品やサービスを

第4章　ことばのデータの集め方

提供するために、ことばのデータを大切にして情報共有していきたいものです。

4.8　ことばを集めることが、そもそものはじまり

ここまで述べてきたように、まずはことばにしていくことが活動のきっかけになります。"まずは挨拶から"と同じです。

QCサークル活動は、複数の人員で構成されます。そこには会話の場があります、すなわち、ことばのデータに最も恵まれている環境があります。お互いが飾らずに率直に話して、気楽に書くことによって、生き生きと楽しい活動になるでしょう。

ことばのデータ集めは日常の仕事の中にあるだけに、QC手法と程遠いと感じた方もいると思いますが、日常の仕事の中や現場の会話の中で集めることばは、それだけでことばのデータとなり、そうした仕事の進め方は、実はQC的なものの見方・考え方そのものともいえます。

4.9　思いついたことはすぐにメモする

夜中に思いついたアイデアは、翌日にはなかなか思い出せない、そんな経験は誰もにあることです。アイデアは再現しないこともあります。枕元にメモを置くというほどでないにしても、思いついたら何らかのメモを取る習慣をもつことは有用です。

【ミニ演習】

問 4.1

　ことばのデータを集める場面として、「書く」、「聞く」のほかに 4 つ
があります。それらを挙げてください。

ことばのデータの
見える化とまとめ方

▍5.1　ことばのデータの見える化

　本章では、集めたことばのデータを見える化し、活用する方法について事例を示してわかりやすく紹介します。この事例は、職場のアンケートで得たことばのデータを迅速に整理して、災害が再発する混沌とした企業体質の問題の構造を、層別図解法（**図** 5.1）で見える化した実例です。

　ある会社では、ここ数年間で災害が立て続けに発生しています。そこで再発防止とその歯止めのために、従業員の災害に対する意識調査をアンケート形式で実施しました。

　アンケートの結果から、「作業を行ううえでの安全に関するルールを知らない、ルールを守らないことが災害を再発させている原因ではないか」との現場からの声があることがわかりました。そこで、本当にルールを知らない、守らないことが災害の原因となっているのか検証することにしました。

　災害の要因を過去にさかのぼり数値データで検証したのが、**図** 5.2 です。その結果、災害の 7 割が何らかのルールに起因していることが裏付けられました。この職場の場合は、企業は小規模ながら生産活動は活発なため、従来から、生産第一の考え方が管理者や現場に強く、会社全体に品質や安全を確保するために作業のルールを守るという文化や習慣はなく、「まずは目の前の仕事をこなすことが何より優先だ」、という職場風土になっていました。ですから、市場の変化や受注先の要望により仕事のやり方、進め、設備、装置、材料などが頻繁に変化してもルールの見直しが追い付かない状況にありました。

　そこで、現場では、ルールを守るとしても各自の判断でルールを解釈して対応するということもありました。仕事の中には、そもそもルールがないケースもあったため、ルール無視は、むしろ仕事の一種の工夫という感覚さえありました。その結果、災害が起こった作業だけ当座しの

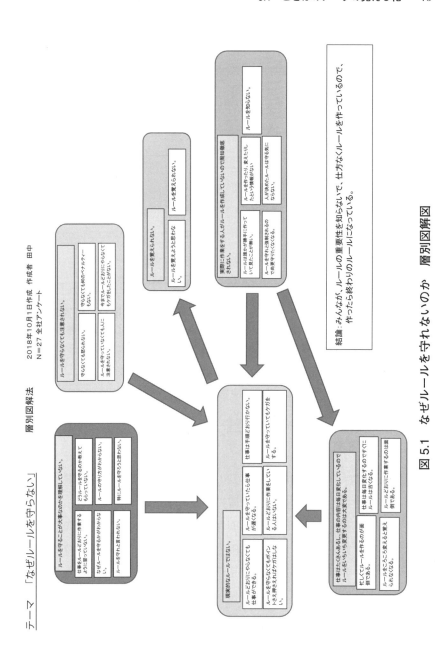

テーマ　「なぜルールを守らない」　　層別図解法　　2018年10月1日作成　作成者　田中
N=27　全社アンケート

図5.1　なぜルールを守れないのか　層別図解図

第5章　ことばのデータの見える化とまとめ方

過去の災害原因調査

調査期間 2016年1月～2019年12月 調査者：野口

考察
　過去の災害原因を確認したところ、ルールに起因する災害が全災害の約7割を占めており、従業員アンケートでのルールに対する意識が希薄であるということの裏付けが取れた

図5.2　過去の災害原因調査グラフ

ぎで取り急ぎルールを作る、という、「もぐら叩き」の安全管理の実態も明らかになりました。

　簡単な層別図解法の図解から、この企業と現場の本質的な課題や、将来に向けた企業としての命題が明確に示されています。

　まず、企業として安全や品質の確保は、従業員、顧客、取引先、株主に対する企業責任としては第一に優先すべきものとの、明確で確固とした経営理念や事業方針の展開が望まれます。そのうえに立って、企業の永続的な発展のためには、利益確保は最低限必要であっても、だからといって無理で極端な単年度利益確保のために、コンプライアンスに触れるような違法操業や生産第一主義の事業運営は許されない、といった管

理者を含めた社員教育なども必要と見られます。

　たったこれだけのことばのデータの見える化の中から、貴重な企業風土改革のためのさまざまな示唆が得られることをご理解いただければ幸いです。

▊5.2　ことばのデータのまとめ方

　ことばのデータを扱うときには、どんな方法でもある段階で数多くのことばのデータが何を語っているのかを総括する、すなわち、「ことばをまとめる」という思考活動が必要となります。親和図法の「表札」、層別図解法の「要約カード」連関図法や PDPC 法の「図解のまとめ＝結論」などがすべてそうした思考活動の結果まとめられたものです。

　実は、N7 を含めことばのデータを使う手法の難しさの一つが、この思考活動にあります。まとめ方のコツは、最初からうまくまとめようとしないで、「とりあえず」でもよいので、作図から読み取った印象を、まずは素直に書いてみることをおすすめします。場数を踏んで慣れることが必要です。そうした中で、語彙力が不足していること、同義語の言い換えが貧弱であること、そもそも読解力そのものが不足していることを自覚するところからがスタートです。

　しかし、悲観は禁物です。ことばの世界は AI でも届きにくい、深遠な世界です。そこに一歩足を進めることを新たな喜びとして取り組むことをおすすめします。強調したいのは、どんな不慣れな人にでも、ことばのデータをまとめることで得られるものはあるということです。悲観することはありません。

　といっても、具体的なガイドを提示しないと本書の役割は果たせませんので、ここでは「ことばのデータのまとめ方」について、層別図解法ですすめている「要約カード」の作り方を、実践例とともに紹介します。

▌5.3　要約カードの作り方

　要約カードとは、何枚かのカードの抽象度を上げて１枚のカードに要約してまとめるとこういう意味になる、というものです。N7のひとつである親和図法では「表札」と呼称していますが、表札というと門扉に表示してある「表札」のイメージが強く、どうしても体言止めになりがちです。そこで、層別図解法においては、「表札」を言い換えて、「要約カード」とし、「いくつかの意味の抽象度を多少上げて要約するとこういう意味になる」と定義しました。

　第２章でも触れていますが、要約カードは、「言い換え方」(元号型)といくつかに箇条書きされた箇条書き型(憲法型)の２つのタイプがあります。多くのデータを１つにまとめ切るため、内容が広範囲にわたっている場合、多くは３つから５つ程度の箇条書きにする箇条書き型が使われます。当然、内容によるだけに、3～5項目と決めなくても結構です。

(1)　帰納法による要約カードの作り方

　帰納法とは、さまざまな事例を挙げてそこから結論を導く、という論理展開の方法です。以下の会話の例で説明します。

　Ａ君は自転車を持っている：事例

　Ｂ君は誕生日に自転車を買ってもらった：事例

　Ｃ君は幼稚園のときから自転車を持っている：事例

　だから、私にも自転車を買ってほしい：結論

　このように、結論を述べるための事例を沢山集めると説得力が増す、という論理法ですが、同じように事例を挙げて共通点を見つける思考法が帰納的思考です。つまり、個々の具体的なことばの抽象度を上げて、１つのことばを作るということです。ただし、帰納的思考での結論は必ずしも確実な真理ではなく、ある程度の確率をもったものでしかない仮

帰納法：事例をあげて共通点をみつける

手順1：言語データ間の関係性を探る

手順2：共通点を見つける

手順3：要約カードとしてことばをつくる
「A君はお母さんの体調不良が心配で情緒不安定になっている」

手順4：理由が一般的・普遍的前提か考える
普通、自分の母親が体調不良であれば
心配で夜も寝られず、仕事も手につかない

手順5：考えたことを自分のことばでまとめる
要約カード：「A君は、お母さんが体調不良なので仕事に集中できない」

図5.3　帰納法で要約カードを作る手順の例

説であるということです。したがって、仮説は実証しなければならない
ということを忘れないことが必要です。帰納的思考では、事例は多けれ
ば多いほど仮説の精度は高くなる特徴があります。

　図5.3に帰納法を使った要約カードの作り方の手順を例を示します。

(2)　演繹的思考法による要約カードの作り方

　演繹法とは、数学者のデカルトが提唱したもので、一般的、普遍的な
前提をもとにして、結論を導き出す論理展開の方法です。演繹法を用い
た思考、演繹的思考によって論理展開するときの考え方・手順は以下と
なります。

　①　結論となることばを考える

　②　その理由であることばを考える

第5章　ことばのデータの見える化とまとめ方

③　その理由を正当化できる一般的、普遍的な前提をことばで示す

　演繹的思考で得られることばも仮説であり、実証が必要となります。また、演繹的思考での欠点は、前提が正しくなかったり、答えを導く前提としては正しいものではなかったりすると仮説自体が成り立たなくなりますので注意が必要です。演繹的思考でA君の不調原因の仮説を立てた例を**図5.4**に示します。

　このように、思考を科学的に行うことが重要です。人は往々にして自分の知識や経験があるなしに関わらず、その時の感情や思い込み、決めつけなどによって考えたり、行動したりする癖があるようです。科学的に思考して行動することが自分の人生をハッピーなものにするために必要不可欠なのではないでしょうか。

　アップルコンピュータ創業者のスティーブ・ジョブズ氏は以下のように述べています。

　「すべてのアイデアは、過去に見たもの、聞いたものの上に築かれる。クリエイティビティは、組合せによるものであり、完全なオリジナルではない」

図 5.4　演繹法で要約カードを作る手順の例

　つまり、よい思考の結果を得るためには、まずは知識や経験を多く積むこと、さらにそれらを単なる知識や経験として終わらせるのではなく、拡散思考でことばとしてアウトプットし、アウトプットされたことばを収束思考で新しいひとつのことばにしてさらにアウトプットしていくというステップを踏むことが大事なのです。

　そして、その次のステップ、新しい1つのことばを実現可能な具体的なことばに落とし込み、すなわち具体的な行動してモノやコトを生み出すというところまで行くことで、はじめて思考したことの価値が生まれます。思考することは楽しいものですので、それ自体を楽しんでください。

【ミニ演習】

問 5.1

　「ことばのデータの見える化」のよい点を記述してください。

問 5.2

　要約カードの2つのタイプを挙げてください。

第5章　ことばのデータの見える化とまとめ方

仕事に使いたい
時空を超える
PDPC 法

▌6.1 PDPC 法をあまり見かけない理由

　PDPC 法は、QC 改善活動の発表などではあまり見かけない手法で
す。これには 2 つの理由が考えられます。1 つは QC サークル活動や企
業内の仕事で、実際には使われていても、守秘義務や知財管理の関係で
世の中に出てこないケースです。もう 1 つは、研修会で習っても使いこ
なせないために単純に活用例が少ない、とのケースです。前者が多いの
であれば問題はないのですが、筆者らの研修活動からの知見では、やは
り企業内で使いこなせないケースが多いのでは、と見ています。

　それでも、守秘義務や知財管理の関係で世に出てこない優れた事例
は、実際にそれなりに存在しています。たとえば、かなり以前のことで
すが、ある素材開発メーカーの中央研究所に従事する博士研究員の方々
は、研究ターゲットの設定から日常の所長への研究経過報告まで、すべ
て PDPC 図 1 枚で管理していました。また、ある企業の役員会でかね
てから意見が分かれていた、不採算部門の移転とその跡地の大規模再開
発計画を、PDPC 図で示し審議し、その結果役員会で、PDPC 図で提案
された案に沿って議決された、との実例も筆者の身近にありました。

　これらの PDPC 図は、いずれも守秘義務や知財管理の関係から、決
して世の中に紹介されることはないでしょう。また、中には QC 関係の
各種会議やフォーラムやシンポジジウムなどで紹介される PDPC 図
も、要所のカードは黒塗りになっているなどの事例を目にします。

　見方を変えれば、PDPC 法が仕事の改善や進め方にしっかり役割を果
たしている側面を実証しているのかもしれません。仕事や改善活動に非
常に有用な手法ですから、従来手法では限界があると感じているような
難問や、長年懸案となっている重要課題などに PDPC 法を積極的に使
うことを強くお進めします。

6.2　PDPC法のネックエンジニアリングの克服の仕方

　筆者らの研修による知見では、PDPC法が研修では作図の習得などができるようになった気でいて、帰社後に肝心の自分たちの仕事や改善活動に使えないというケースを数多く見てきました。実際に自分の仕事につかえないネックエンジニアリングは、いくつかあります。

　1つは、現在の困っている状態(PDPCのスタート点)から目的とするあるべき状態(ゴール)を結ぶルートの構想が描けない、ということです。これを従来は、基本ルートと呼んでいましたが、受講生は、基本ルートとは何か、というところで立ち往生します。

　そこで、基本ルートという呼称を楽観ルートと呼称を変えました。ものごとを楽観的に考えて、現在の状況にまず楽観的な対策を考える。その対策から次のステップでは、期待したい現象を考える。これを期待現象と呼び、その期待現象に対し、さらに楽観的な対策を考えて、順次、理想とするゴールへ結びつけるような成功のシナリオを描くようにします。これで従来、スタートからゴールへの道筋が描けなかったネックエンジニアリングの問題を、従来より敷居を低くするようにしました。

　この楽観ルート上の対策と現象の描き方には、すでに決められているような、たとえば社内の手順を書いてもいい、とすると、楽観ルートはさらに容易に書けます。つまり、この対策の後には、こうした手順で仕事を進めなさい、とのルールがあればそれを次の対策として利用する方法です。したがって、楽観ルート上の楽観的対策の次に、また楽観的対策が時間差をもって記述される方法です。つまり、手順もアイデアのひとつとする考え方です。

　ことばのデータに不慣れな方は、このような手順とアイデアをまったくの別物として考え、いままで思いもつかなかったような、奇抜で新し

いアイデアだけを求めようとする傾向があります。その結果、楽観ルートの構想が行き詰まってしまう、そうしたケースを研修会で数多く見てきました。さらに、楽観ルート以外のルート上の対策を充足対策とし、その結果、発生を予測する状況を楽観的に見れば楽観ルートへ戻すか、悲観的な見方をすれば阻害現象として新たな状況を予測するなど、PDPC 法が開発された当初から入門者には難解といわれていた用語を、現場の方々が発想しやすいように言い換えました。そうした工夫により、対策から発生する現象の予測や予見と、さらにその対策などの発想が出やすいようにしています。これも、実際の自分の仕事に PDPC 法を実践しやすくするための工夫です。

　もう 1 つ PDPC 法が実際に使えないネックに、頭の中にある対策やそれによって発生する現象が、ことばのデータとして出てこない、ということがあります。この対策は、本書の第 I 部で解説していますので、ここでは触れませんが、思考をカードとして見える化できないことが大きなネックとなっていました。PDPC 法がいかに優れた手法といっても、この基本的な思考活動ができなければ、仕事や改善活動に活かせません。

　上手に書こうとしない、話しことばで書く、など、とりあえず頭の中の考えをことばにするという方法で見える化します。加えて、緊急かつ重要で欠かせないテーマを PDPC 法で取り組むことをおすすめします。たとえば経営者であれば、「新型コロナウイルス禍終息後の社会による市場の変化に事業領域や業態をどのように改革するか?」といった、経営上の差し迫った重要問題の解決へのシナリオが挙げられます。また管理者であれば、抱えている業務課題の中でも緊急性や重要度の高いテーマを選ぶべきです。たとえば財務責任者であれば「営業比率を前期比○○ % 低減するには?」です。

　そして、これは QC サークルにとっても同じことです。「親睦ミーテ

ィングの飲み会をどうするか？」といった軽いテーマでは、わざわざ
PDPC法を使わないと出てこないアイデアが存在しないからです。火事
場の馬鹿力が要求されるような重要なテーマでこそ、逆に潜在していた
アイデアが掘り起こされます。

▌6.3　ことばで示す成功へのシナリオが PDPC 法

　仕事になぜPDPC法が有効かといえば、問題解決へのシナリオを描
くうえで、時間と空間を図面の中で自由に操作できることです。

　筆者らが研修でことばの機能について説明するとき、「ことばは、人
にとって時間と空間を超越させる力をもつ」と解説しています。たとえ
ば、本の大切さを説明する場合、先人が書き残した本は、私たちが生ま
れていなかった過去の出来事を教えてくれます。同時に私たちは現在の
出来事を、本に書き未来へ残すことができます。まさに人は、本によっ
て時間を超越することができます。また、本によって行ったことがない
場所のことを知ることもできます。

　このように人は、本によって空間を超越することができます。当然、
本はことばによって書かれているので、つまりことばは、時間と空間を
超越させる機能をもつといえるでしょう。このことばの機能を得たから
こそ、人は地球上で知の頂点に立っているともいえます。

　実はPDPC法は、このことばがもつ大きな機能を、仕事や改善活動
で示してくれる非常に優れた手法です。特に、時間と空間を超えること
が求められる研究開発や、対人関係が大きなカギを握る営業部門では必
須ともいえる手法です。

　筆者が実際に体験した営業部門の実例では、毎年決算を左右する期末
売出しの増販活動に対して、営業所長はその増販活動に入る前にPDPC
図で、成功のシナリオを描いていました。そしてそうしたことを数年継

続した結果、その営業所長の実感としては、PDPC法で成功のシナリオ
を描き終えた段階で、まだキャンペーン前というのに、売上目標の7割
の達成見込みを実感できるようになった、との感想を伺ったことがあり
ます。なぜかといえば、PDPC法によって、私たちは未来に起こること
をかなりの確率で予測・予見し、その対処法を事前に考えておくことが
できることで、有効で適切な対策を先んじて選べるために、結果的に成
功への比率を高めることができるからです。これは、時間と空間を超え
て思考を展開できる人がもつ能力によるものといえるでしょう。

　ここで、PDPC法の有効性を整理すると、次のようになります。

　①　現状から理想とするゴールまでの道筋が把握できる

　②　理想とするゴールまで何をすればそうなるのか、不確定な事態の
　　　進展に従って具体策が事前に求められる

　③　現時点で不確実、不透明な先の予測を多面的に事前に推測できる

　④　あらかじめ多岐にわたる対策や予見をもつことで、成功への確率
　　　を高められる

▌6.4　PDPC法のもう1つの機能

　PDPC法は、ことばでの時間、空間の超越機能をもつ優れた手法と紹
介してきましたが、実はさらにもう1つ大事な機能を持っています。そ
れは、人間の行動力に作用する力をもっていることです。

　「知っていても使わなければ知らないことと同じ」、「知行合一」とい
うことばがあります。これは、知識を行動で現実世界のものにせよとの
教訓ですが、仮に原因が判明し、対策を考えとしても、その対策を実際
に打てないことがあります。

　ここで立ち止まってしまう人間の弱さを見ることがあります。対策を
実行する段階でついついネガティブになり、マイナス面の展開におび

え、さまざまなことを考えて、結局、行動を起こせず躊躇してしまうこともあります。「あの人は言っていることと、行動が一致しない」、「口先ばかりだ」と周囲に言われる人は、「何事も行動する前に、その行動を制御してしまうような将来を必要以上に強く意識してしまう」、そうした性癖があるのかもしれません。「どうすればできるか」よりも「何に対してもできない理由」を優先して考えるタイプかもしれません。

　「できない理由」は誰でも思いつきますが、それでも「どうすればできるか」の思考が上回って、人は行動を起こします。PDPC 法ではできない理由を考えることも必要な能力です。しかし、同時にそれ以上のそのできない理由を克服する対策を考えることで、行動に結びつける手法が PDPC 法です。PDPC 法であらかじめ阻害現象などネガティブな状況をすべてシミュレートしておくことで、楽観的対策や楽観的現象を推進力として、私たちに行動を促してくれます。この行動力につなげる PDPC 法の機能を、仕事や改善活動に活かさない手はありません。みなさんには、ぜひ PDPC 法を活用して未来を切り開く力を発揮してほしいと願うばかりです。

6.5　ことばのデータから見た PDPC 法のポイント

　PDPC 法でことばのデータを使うときのポイントを、以下に示します。
　① 　断定的に書く
　未来を予測する現象を、「〜だろう」、「〜かもしれない」などと書きがちですが、それは NG です。未来のことは誰にもわからないのは事実ですが、それでもあえて明確に「〜だ」と断定的に予測を書きます。
　② 　予測・予見を数多く描く
　想定できる未来のことは、すべてことばにします。未来は確定していませんので、できるだけ「想定外」をなくすように多様な未来を予測し

88

て書きます。

③　よいことと悪いことの両面を考える

　楽観的対策に対する期待現象は夢みたいな自分にとって都合のよいことを考えます。一方、充足対策に対する阻害現象は、考えられる限りの不都合な事態や予測を、阻害現象として多岐に考えて書きます。

④　具体的なことばで詳細に書く

　対策も現象も、できるだけ具体的なシーンを映し出すことばで詳細に書きます。抽象的なことばで書くと、事態の予測予見がそれだけ曖昧にぼやけてしまいます。予測する現象に予測以外のいろいろな可能性を残すことになるためです。

⑤　PDPC 法の思考は二重人格で

　楽観ルートを考える際、あくまで自分には都合のよいことしか起こらないという楽観的に思考する必要があります。一方、世の中そんなに甘くない、というように阻害事象を考えるときは、悲観的にあれこれ細かなことまで悩む必要があります。この悲観事象に対しての充足対策は、楽観主義と悲観主義の二面性が望まれますので、あたかも「二重人格」であるかのように、場面に沿って求められる形で思考してください。

【ミニ演習】
問 6.1
　図 6.1 の PDPC 図の①と②に入れることばのデータを下記の語群から選んでください。

第6章　仕事に使いたい時空を超えるPDPC法

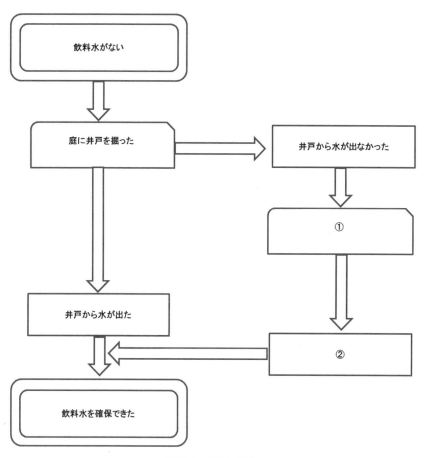

図 6.1　PDPC 図

【語群】

a. コンビニに水がおいてあるかもしれない

b. コンビニに水を買いに行く

c. コンビニで水は買えるだろう

d. コンビニで水を買えた

e. コンビニに行く

90

問 6.2

　次の文章の正誤を判断してください。

1. PDPC 法では、現状から理想とするゴールを結ぶルートを楽観ルートという。

2. 仕事で決められた社内ルールなどの手順も PDPC 法では、アイデアの１つとして扱ってよい。

3. PDPC 法が優れているのは、作図画面の中で時間と空間を自由に操作できるからである。

第 **7** 章

ことばのデータ
と連関図法

7.1　連関図法が新 QC 七つ道具に組み込まれた理由

　N7 の中でも比較的使用頻度が高い手法に連関図法があります。なぜ連関図法が N7 の 1 つに組み込まれたのでしょうか。その成り立ちに、ことばのデータの強みを見ることができます。

　連関図法は、慶應義塾大学教授の千住鎮雄氏考案による「管理指標間の連関分析」がそのルーツとなっています。管理指標間の連関分析は、管理指標間の関連を定量的にとらえて解析することによって、管理指標と経済性の関係を明らかにする分析手法です。1973 年からその方法を実用の場で試したところ、以下のことがわかってきました。

① 管理指標間の関連をつけるための数値データの採取に多大な工数がかかった

② 解析結果から得られた情報のかなりの部分が、管理指標間の関連を図解した段階で得られた

③ 要因間の関連が数値データでとらえられない場合がある。要因の因果関係を図解することによって、結果に大きな影響を与える要因を明かにすることができるのではないか

④ 管理指標間の関連に限らず、不良や不具合のような結果としての悪さに影響していると思われる原因の解明などに適用範囲を広げたい

　以上のことから、要因を言語データ（ことばのデータ）で表記し、結果と要因の関連を図に表すことによって、問題を解決に導く方法を連関図法と名付けて、N7 に組み込まれました。

7.2　因果関係を広く探索できる連関図法

　結果と要因の関係を整理する手法としては、Q7 の特性要因図（石川のダイヤグラム）が広く普及しています。しかし、手法としては特性要因図と連関図法には大きな機能の違いがあります。それは特性要因図では、大骨間の因果関係の解明ができない（なされない）という機能です。一方、連関図法では、一見して因果関係が薄いと見なされる遠い位置に置いたことばのデータ間も、遠回り矢線でその因果関係を示せるなどの自由度があります。現在の私たちの仕事でも、全体最適化を求めるために、部門間や工程間で互いに及ぼしあう影響を的確にとらえて問題解決を図っています。しかし、いろいろな要因が絡み合うことにより、実際はその関連を調整するのは、一言でいうと「面倒くさい」部類の仕事となってしまいます。

　そんなときに、関係者が集まって、ブレーンストーミングなどで 1 つのテーマを決めて話し合うことで、一見複雑そうに見えたことが、絡まった紐を解くようにスッキリとしてくることがあります。まさしく連関図法はさまざまな要因が絡み合った問題に対して、影響している要因と結果の関係をスッキリと紐解いてくれる手法のわかりやすい事例です。

　この連関図法の効果は、N7 が開発されてから 40 年以上が経過して、モノ・コトがさらに複雑になってきた今こそ、ことばのデータの扱い方をよく理解することにより、本来この手法がもっている機能を引き出す好機、と筆者らは見ています。連関図法を用いるときには、いわゆるなぜなぜ分析とは違い、ある結果に対する要因は、事実データだけを用いる必要は特にありません。むしろ、問題の本質を広く俯瞰する機能が優れているだけに私見データで自由な発想を促して、幅広く考えたほうが、複雑に絡み合った問題の真の要因を明らかにして潰すのには適しています。ただし主要因の特定時には、その主要因に対して要因の解析

第7章　ことばのデータと連関図法

を行う姿勢をもつことが大切です。

7.3　ことばのデータを連関図で活かすポイント

連関図法では、ことばのデータを使う際のポイントは、以下のように
なります。

①　なぜなぜ分析をしやすい表現に変える

要因と結果の関係で矢線をつなげていくので、ある結果に対する要因
を考えるときには、「○○となるのはなぜか？」というなぜなぜ分析を
しやすい問いかけに、結果と思われることばを変えて考えるということ
が大切です。

②　出てきたことばは必ず取り上げる

突拍子もない要因としてのことばが出てきたとしても、頭から否定せ
ずに、必ず図の中に書き記しておくことが大切です。なぜならば、そこ
から新しい発想も導かれることがあるし、他の結果に対する要因となり
うる可能性もあるからです。また、そのことばから違った要因に気づく
ということも起こります。

③　要因から結果を考える

要因から結果を「△△すると」ということばで逆の流れで言い表し
て、結果と要因の関係が成り立つことを確認する作業を怠らないように
することで、図の完成度は高まります。

④　遠回り矢線が重要

要因から結果を示す因果関係の矢線が、連関図法の一つの重要な機能
です。因果関係を真剣に深く吟味したかどうかは、遠くに配置されてい
ることばのデータ間の関係がしっかり検分されていることを示す、いわ
ゆる遠回り矢線の有無で一見してわかります。QC発表会などで、ほと
んどが近くに配置されたことばのデータ間の因果関係を示す矢線しかな

い、という連関図を見かけます。これでは、わざわざ連関図法を使うことなく、特性要因図と何ら変わらない、ということになります。

⑤ **矢線の出入りが多いカードに注目する**

矢線の出入りの多いカードは要チェックです。そのカードは、一般的には他のカードの結果や要因に大きな影響を持っていることを示しています。

⑥ **安易に矢線を記入しない**

矢線を安易に記入せず、まず因果関係をよく考察することが重要です。因果関係をよく吟味しないで安易に矢線を記入すると、矢線が入り組み、本当の因果関係が見えなくなります。

【ミニ演習】

問 7.1

次の文章の正誤を判断してください。

1. 連関図法で因果関係を整理する場合は、要因から結果に向けて矢線を示す。
2. 遠距離に置いたカード間の因果関係を示す矢線を遠回り矢線という。
3. 特性要因図も連関図法もそれぞれに優れた機能をもっている。

問 7.2

次ページの**図 7.1** の中でおかしいと思うものを探してください。

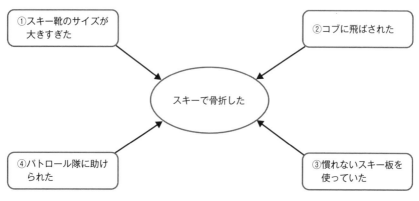

図 7.1　問 7.2 の連関図

ことばのデータと
マトリックス図法

8.1　マトリックス図についての懸念

　QC サークル千葉地区では、2014 年当時、活用頻度の高い N7 手法の
マトリックス図法に対し、ある問題意識を抱えていました。それは、企
業、地域を問わず、QC サークル発表大会でのマトリックス図法のアク
セサリー化が顕在化している、という、マトリックス図法の安易な使い
方に対する懸念です。

　QC 発表報文集のどの事例にも、テーマ選定の評価段階で、系統図法
とマトリックス図法を組み合わせて、評価点を示すことが定石のように
使われています。そのこと自体は、理にかなった使い方ですが、その内
容を詳しく検分すると、マトリックス図法の本来の機能である交点で発
想することが、単に評点を算出する機能にとってかわられている、とい
う懸念が生まれました。中には、本当にマトリックス図法の機能によっ
て着眼・発想したのか疑わしいものが散見されるようになりました。他
のサークルが使っているから、自分たちも盲目的に使うというような形
骸的な使い方になっていないでしょうか。

8.2　マトリックス図の「本来の」機能

　本来、マトリックス図法の「交点の発想」で得られた新たな発想や着
眼は、ことばで表記するものです。しかし、交点でのことばの表記が見
られるようなマトリックス図法は、QC サークル発表大会でほとんどお
目にかかったことはありません。マトリックス図法の交点では、点数や
「○・△・×」といった記号表記のものが大半です。

　この原因は何だろうか、と検討したところ、筆者らの研修でも、「こ
とばのデータ」の必要性を十分に教えてこなかった、という反省に結び
つきました。これが、本書発刊の動機の一つです。

　仕事や改善活動を進めるうえで、従来は空白ともいえる「ことばのデータ」を解明し、その定義や特性などを、現場の誰にでも等しくわかるようにすることが、こうした手法の安易な形骸化や報文集を単に飾るアクセサリー化に対処するうえでの急務としました。

　Q7やN7を使って作図表現することは、混沌とした状態を見やすく、わかりやすくし、問題解決や改善に直結します。本来は、それがQC手法を使って作図する目的です。その目的に沿って効用も得られるはずが、多くの発表資料や手法研修の中で教えているマトリックス図法では、作図手順などのノウハウに重点がおかれ、ことばのデータや作図目的などの理解が不十分だったのではないかと反省しました。現在でも、懸念していた傾向は解消されていませんので、マトリックス図法の活用に当たっては「交点の発想」は、とりわけことばの表記に関して、改めてその重要性を理解いただければ幸いです。ことばのデータを実際にN7手法で使うための押さえたいポイントの一つです。

■ 8.3　マトリックス図の事例

図8.1を参照ください。この図の悪い点を以下に示します。

① **記号で評価している基準がわからない**

○、△、×の記号が、何を基準にしてそうなるのか、この図からはわ

項　目	日	通　勤	交　通	点　数	優先順
A社宅	○	○	△	8	1
B社宅	△	×	×	2	3
C社宅	×	△	×	2	2

図8.1　「交点の発想」が感じられないマトリックス図

100

かりません。○、△、×などの記号は、ことばのデータの抽象度を高くしたものであり、人によってどうとでもとれます。したがって、このような記号で表現するときには、見た人が同じ基準をもって見られるように、「○は、〜である」というように、基準表を一緒に添付するか、または明確に記述しておくことが大切です。

② 点数の計算方法がわからない

たとえば、「A社宅」の点数が「8」になるのはなぜか、図からはわかりません。このマトリックス図では、ことばのデータを「○」などの記号で抽象化したうえ、さらに「8」などの数値で具体化しています。最終的に数値で具体化するとグラフ化することで、科学的に取り扱いやすくはなりますが、やはり、①と同じように「8」となる根拠を示すために基準表を添付、あるいは記述しておく必要があります。

③ 「点数」と「優先順」の違いがわからない

そもそも、点数付けしたうえで優先順をつけるのは、他にも評価項目があるということですから、マトリックス図法が不十分なものであることがわかります。

④ 各項目：「日」、「通勤」、「交通」の意味がわからない

図解化手法は、第三者が見てもわかるようにしておくことで、後進者への技術伝承になります。せっかく苦労して作成した図をドキュメントとしてそのまま残せるようにすれば効率的です。

もちろん、この図の前後の文章で説明されていたり、作図した人たちは、おそらくその意味合いを理解して作っているのでしょうから、それはそれでよいのかもしれませんが、この図を見たとき、図解法の大きなメリットである、ドキュメントとしての機能を果たしていないのが最大の問題です。

また、QCサークル発表大会では、その審査基準に「手法を使用しているか」というものもあるため、発表の見栄えをよくするために後付け

で作った表でないかとも推測することもできます。ひとことで言うと、
「本当に考えて作った表なのか？」ということです。

■8.4　ことばのデータでマトリックス図を作る

　後付けでもよいのですが、マトリックス図法はきちんと考えてことば
のデータとして作成することが大切です。図8.1 をことばのデータに置
き換えたマトリックス図を、**図8.2** に示します。マトリックス図の完成
を目的とせずに何のために作図をするかを目的としましょう。マトリッ
クス図法の「交点の発想」とは、文字どおり、「交わるところで考え、
気づきを得ること」で、ここも重要な思考過程の強化となるポイントで
す。

項　目	日当たり	通勤時間	交通の便	評　価
A 社宅	部屋の中に夏はあまり日が入らず、冬はよく日が入る	車では 5 分ほどで会社へ行け、歩いても 15 分ほどで行ける	最寄りの駅まで車で 10 分、バスも 30 分に 1 本出ており、バス停も近い	日当たりもよく、会社も近く、最寄りの駅までも近いので生活するのに適している
B 社宅	小さな山に囲まれており、特に朝夕の日当たりが悪い	会社まで車で 30 分ほどと遠く、公共交通機関では会社まで行く手段がない	最寄りの駅まで車で 30 分と遠く、バスも出ているが、バスでは、50 分ほどかかる	日当たりはまあまあだが、通勤や交通の便が悪いので、生活するには大変だと思う
C 社宅	南側に高層ビルがあり、日当たりが悪い	会社まで車では 10 分ほどで行けるし、バスもある	最寄りの駅まで車で 10 分、バスだと 45 分かかる	会社や最寄りの駅は近いのでよいのが、日当たりが悪いのが難点で生活には適さない

図 8.2　「交点の発想」を行ったマトリックス図例

第8章　ことばのデータとマトリックス図法

このように、マトリックス図法の交点でのことばの表記がある事例
が、定石として QC 発表大会で目にするようになれば、仕事や改善活動
の質は確実に向上するでしょう。そのためにも、入口として「ことばの
データ」を正しく理解し、そのうえで各種の科学的 QC 手法を使えるよ
うにしたい、というのが本書発刊の願いです。個人でもグループでも考
えたこと、ことばに出したことは、ことばのデータとして、具体的な文
字表記にしてください。それは思考の強化につながり、次のステップへ
移るときに思わぬアイデアが生まれることがあります。特にマトリック
ス図法の「交点の発想」は大切にしたいものです。

【ミニ演習】
問 8.1

　図 8.3 のマトリックス図の A〜D に、あなたが思ったことを何でも書
いてみてください。

「自分が思うこと」	今日の夕ごはん	明日の朝ごはん
食べたいものとその理由	A	B
食べたくないものとその理由	C	D

図 8.3　問題 8.1 のマトリックス図

　本は非常に大事なものと教えられても、自分で本を書くことは無理だ
と思う方は多いでしょう。それでも、本を書くのは無理という方でも
「今日の夕ごはん」と「食べたいものとその理由」が交わった空欄を見
て、すぐに何かしら頭に浮かぶはずです。それが、「交点の発想」で
す。何も難しくはありません。それをそのままマトリックス図に書き込
めばよいのです。

ことばのデータ
の活用事例

　本章では、ことばのデータの活用事例を紹介します。2017年4月に筆者はある職場に異動となり、サークルリーダーに任命されました。リーダーとしてことばのデータをどのように活用して思考の見える化を行ったのか、その実例を紹介します。

■9.1　サークルの紹介

職種	：製造業、ラインオペレーター、3交代勤務
サークル名	：がんばろうサークル
サークルメンバー	：5人　41歳、28歳、23歳、18歳、61歳
平均年齢	：34歳

　このサークルは、41歳の筆者をリーダーとして、18歳の新人から61歳のシニアまで、年齢層の幅広いメンバー構成でした。年間の改善活動完結件数は、3件/人と目標が決まっていました。しかしテーマが決まらない、完結報告書を作成する時間がないなど、目標の3件を達成できない状態にありました。また、サークル会合も、工場で決められている安全関係の対話を月1回行うだけでした。

　すなわち、仕事と位置づけられている職場の改善活動を「自らの意思でやる」ではなく、「上司の命令で仕方なくやる」が正直な状態でした。会合の時間がない、人が集まらない、QC手法が完結報告書や発表大会の単なるアクセサリーとなっている、活動よりも報告書の資料作りに時間をかけ、発表では会場に目をやることなく原稿を棒読みするなど、いわゆる形骸化した改善活動になっていました。そこには多くのQCサークルが抱えている課題が山積していました。

9.2　サークルの現状①

　活動テーマが決まらない悩みに関して、ことばのデータによる思考の見える化の事例を紹介します。筆者のサークルでは、改善活動のテーマが決まらない、見つからないことが大きな問題でした。そこで筆者は、この問題に最初に取り組みました。

　テーマ選定は、年度末の3月に次年度のテーマを目標の3件分、テーマ名、内容、期待効果などの項目をサークルメンバーがフォーマットに入力し、上司へ提出します。その後、上司と対話して、了解を得てテーマ選定のステップは完了となります。またテーマについては、工場の全員が見られるしくみになっています。

　ここでの問題は2点あります。1つは、内容より件数の3件さえやればよいという風潮がはびこることです。3件の設定は、全員で展開し、脱落者を出さないしくみとしては必要かもしれません。しかしその結果、毎年のように年度末に帳尻を合わせる駆け込み完結型の展開となります。中には3件以上完結できるサークル員もいますが、目標さえ達成すればよし、とするサークル員も出ます。また、3件以上のテーマがあるのに、再来年度に残しておこうというサークル員も出てきます。これは、年間改善完結件数3件という目標から発生する副次的な課題です。

　2つ目の問題点は、特に仕事経験が少ない若年層のサークル員に見られがちな問題です。こんなテーマではみんなから馬鹿にされないだろうか、金銭的な効果がなく上司から何か言われないだろうか、テーマ名を簡潔にかっこいい言葉で書けないなど、人の目を過剰に気にする傾向があります。

　そこで、筆者がリーダーとして行ったのは、サークル員全員と対話して、日ごろ自分が仕事上で困っていることをリスト化することでした。改善テーマの選定にあたっては、最初から「職場の問題をテーマにしな

さい」というと、若年層のメンバーには過度な重圧となります。ことばは思考(考え方)に影響(制約)するからです。それを自分が困っていることというように、ことばを他の同様の意味をもつことばに置き換えることによって、メンバーの悩みが素直にわかるようになりました。こうした工夫の結果、メンバーの悩み事を「仕事で困ったことリスト」としてまとめました。

この段階では、思考の見える化に関して、特に以下の7つのポイントを満たすよう心がけました。

① 「困っていることを書くように」という指示だけで終わらせず相談しながら進める
② サークル員と対話する時間を設ける
③ サークル員が話しやすいように質問を用意する
④ 提案されたテーマは否定しないで一旦受け取る
⑤ サークル員が困っていることに耳を傾ける
⑥ 効果を必ず見つけ、テーマに取り上げたことを褒める
⑦ 「上手に表現しようとしないでいいから」と念を押す

9.3 サークルの現状②

次に、サークルの現状を通じて、実例を紹介します。多くの日本企業と同じように、団塊世代の大量退職により、筆者の職場も若年層化が進んでいます。筆者のサークルの平均年齢は2017年現在で34歳ですが、61歳のシニア退職後は平均年齢が約7歳若返り、職場では、20代以下が約70%を占めます。今後ますます、若い人の力が会社を支える時代に突入します。

そうした中で、2017年7月に18歳の新人が配属されました。この新人は、物静かですが非常に真面目で、与えられた仕事を一所懸命に黙々

とこなします。ただ、物静かな性格からか、自分から周囲の人と話すことが苦手なようでした。こちらから話しかけても、「はい」で終わることが多く、会話までも至らず、ことばのキャッチボールが誰とでも上手くできません。2年後の2019年には、さらに新人が配属される予定もあり、こうした新人とコミュニケーションをうまく取れるかどうかが、筆者の悩みの一つでした。

　新人が配属された7月から、困ったことリストや以下のことを実践することで、新人の不安を取り除いてきたつもりでしたが、新たな悩みの発生です。

① 困ったことリスト(新人から挙がった改善テーマ):
　　6件/10件　改善完了
② 教える側と教わる側、教える側同士の対話(対話):
　　毎月2回実施　120分/回
③ 習熟理解度テスト(腕試し):
　　毎月1回先輩が25問の問題を作成、テスト後は先輩が解説を実施
　　＊①~③は、配属後一人立ちまでの2017年7月~12月実施
④ 教えてもらったことリスト、10日ごとにサークル内に発信(情報共有):
　　先輩から教えてもらったことをエクセルに入力し、先輩が確認してフォロー。10日ごとにサークル内に新人が発信。
　　2018年1月~10月　82件
⑤ 聞いたことリスト(自らがテーマ):
　　仕事で自分から先輩に聞いた件数
　　2018年10月2件　11月1件

そこで、自らを新人と同じ立場に置き、2018年10月から、「自ら」をテーマに「先輩から聞いたことリスト」を作成することにしました。

第9章　ことばのデータの活用事例

しかし、10 月は 2 件、11 月は 1 件と、思ったような件数はあがりませんでした。サークル内でのことばのデータのやり取りの結果を、**図 9.1** に示します。

　新人が先輩と話せないケースは、どこにでもあると思います。その原因は、図 9.1 に示すように、新人、先輩の双方にあります。このままアクションをとらず、放っておくと、いずれこの対話がない状態がスタンダードとなり、仕事で話さないといけないことも放置し、間違ったことをしても知らないふり、ミスを犯したら感情をあらわにして攻め立てる、人の欠点ばかり目がいくなど、仕事が成り立たなくなります。最後には体調を壊したり、最悪の場合、会社を辞めることになる、といった可能性が十分にあります。一般に、新入社員の 3 割が 3 年以内に退職するといわれていますが、こうしたことも、その原因の一つかもしれません。

　新人は、同期入社同士ではできる対話やコミュニケーションが、上司とは上手にとれないようです。こうした現状を、リーダーとしてどう打開していくか、何が原因か、どうすればいいのか、さまざまなことを頭の中で考えました。しかし、混沌とした状況がうまく整理ができず、ま

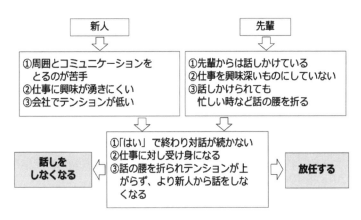

図 9.1　新人が先輩と話せない原因

た次のアクションも明確に描けませんでした。

　そこで筆者は、サークル員と一緒になって腹を割ってサークルの現状の悪さ加減を付せんに書き出し、模造紙に貼り付けて意味合いが同じものを層別し、図解化しました（N 数＝78）。それが、**図 9.2**、**図 9.3** です。層別図解法を活用した、ことばのデータによる思考の見える化です。

　この図解化で特に気をつけたのは、以下の 3 点です。

①　お互いに恥と思わないで自分の内面を、できるだけ勇気をもって
　　さらけ出す

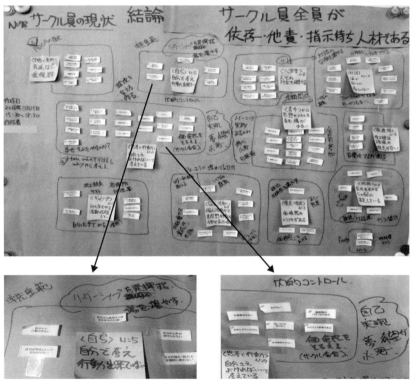

図 9.2　サークルの現状を層別図解法で作図

話す時に言葉を選んでしまう	報・連・相が苦手	終わった後の報告がない	考える・書く・話す・見る・読む・聴く力が不足している
自分がどう思われているか気になる	自分から声がかけられない	スケジュール管理が出来ない	都合の悪いメールには返信をしない
損得勘定で物事を見ている	提出物の期限に間に合わない	人の話をよく聴かない	できれば飲み会やレク活動には参加したくない
人の指示を待っている	指示を待つことに慣れている	元気がない	意見の衝突を避ける
自分の強み・弱みを客観的に見れない	価値観のばらつきがある	人を褒めることが苦手	相手が困っていても見て見ぬふりをする
会社・コンビニ・自宅の魔のトライアングルにはまっている	思考レベルに差がある	先輩や上司に何を話していいかわからない	相手によって自分の意見を変える
よい人でありたいため後輩を叱れない	昔はこうだったと言う	自分の意見に言い逃れを含める	司会進行の経験が少ない

図9.3　サークルの現状（一部）

② 他責ではなく自責として考えて書くこと

③ 付せんに書いたら、1枚1枚声に出して読みあげ、その意味をサークル員全員で共有する（この場合、一文一意を理想とするが、多感も容認する）

この図解化からサークル員が導き出した結論は、「サークル員全員が、依存、他責、指示待ち人材になっている」でした。具体的には、相手のことを考えず、自分の考えを押し付け、相手のやる気をなくし、必ず後工程には人がいるのに「ホウレンソウ」ができず仕事を遅らせる、いい人と思われたいために後輩を叱れず同じトラブルが発生する、など、その人にとって気にはならないレベルでも、実際には仕事や人間関係にさまざまな悪影響を与えていて、それを自分の問題としてとらえていないことがわかりました。

　こうして、あいまいだったサークル現場の悪さ加減が、少なくとも私たちの目の前には、はっきりと姿を現しました。

■9.4　サークルの体質改善への取組み

　次に、明らかになった悪さに対して、どのように立ち向ったのかを続いて紹介します。これまで述べた顕在化したサークルの体質をいかに改善したかの実践事例です。

　サークルの現状を層別図解法で図解化したことにより、人任せ、指示待ち、他責体質が明確になりました。お互いが心の内面をさらけ出し、ことばのデータによる思考の見える化をした結果、私たちは、自分で考え、自ら律して行動できる人財、すなわち、自律型人財を目指すことが必要だと考えました(**図9.4**)。具体的には、上司からの指示がなくても、問題があれば、自分たちの意思で自主的に問題に取り組める人財を目指すことです。

第9章　ことばのデータの活用事例

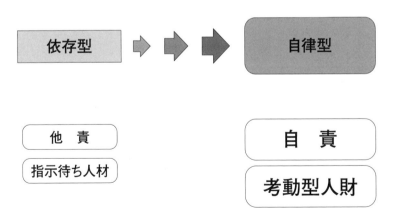

図9.4　あるべき姿

（1）　目標の設定

　新しい活動をスタートするための準備として、いつから、なにを、どのようにして、自律型人財を目指すのか、**図9.5**のように目標を設定しました。ここで大切なことは、自律型人財になるための場を自ら作り、その計画を自ら立て、サークル員全員が継続的に活動することです。

（2）　サークル運営の改革

　「自分たちが自律するために、自分たちが変わるために今何が必要なのか」をテーマにQCサークル活動の根幹であるサークル運営の改善に着手しました。筆者のサークルに、今何が必要なのかを考え、**表9.1**に

図9.5　目標の設定

表9.1　サークルの重点活動

重点活動	担当	ねらい
1. サークル会合(毎月3回) 　会合① 安全作業手順の見直し 　会合② サークルトレーニング 　会合③ QC戦略会議	企画長 企画長 企画長 サークルリーダー	対話を増やし価値観を揃える
2. 企画長制の導入(毎月輪番制)	サークル員全員	リーダーシップを育む
3. サークルトレーニング(毎月1回)	企画長	企画力、安全感度向上
4. QC活動完結報告書(毎月1件/人)	サークル員全員	モラール(やる気)向上

示す4つを重点活動としました。

①　サークル会合　毎月3回

毎月1回のサークル会合だったのを、その必要性をみんなで理解して3回に増やしました。サークルで対話する場を作ることで、お互いの対話力を向上させることが目的です。サークル員の思いや意見を従来以上に深く共有し、価値観をそろえるねらいもあります。

加えて、サークルトレーニングとQC戦略会議という場を新たに追加しました。QC戦略会議とは　サークル員の「困ったなリスト」の情報共有や対策案を話し合う場です。また、完結報告書でQC手法が後付けやアクセサリーにならないように、本当にそのテーマや問題解決にふさわしい手法を実際に自分のツールとして実務で使えるように、実践的に学ぶための会議でもあります。

②　企画長制の導入

毎月輪番で担当する企画長を導入しました。企画長は月3回のサークル会合の日程調整、案内、司会・進行・議事記録、サークルトレーニングの企画実行、会合欠席者へのフォローまで担当するようにしました。これは、従来のリーダーと同様な役目を担います。したがって、企画長を経験することでスケジュール管理や企画力など、誰もが必要とされるさまざまな能力向上が図れます。これも、自律型人財を目指すために欠かせないステップです。

サークル員が自分と向き合ったときに、スケジュール管理が苦手、自ら企画することが苦手など、顕在化していた自分の弱さを克服する場としました。また、企画長として月3回の会合を遂行することが自信となって、たとえ小さな一歩であっても、自律型人財になるための成功体験を感じ取る場としました。

③　サークルトレーニング　毎月1回

その月の企画長が、安全に特化したトレーニング(安全テストや作業

演練、防災訓練など)を自ら企画し実行します。考える力はもちろん、企画力、行動力、安全知識、固有技術の向上が図れます。その立場になって初めてわかり納得する、というものもあります。

④　QC活動完結報告書　毎月1件

重点活動の中でこれが一番のネックになるであろうと思われたテーマ完結件数の目標を、年間1人3件から1人12件へと、一気にハードルを上げました。最初から報告書の質を高めるのは、ハードルが高すぎるため、まずは取りつきやすい量を追いかけ、やがて質に転換していこう、と考えたからです。「困ったなリスト」や毎月3回のサークル会合での改善テーマのリスト化などで、一定の量の見込みがつけられました。しかしこれを、習慣化するまでの数カ月が勝負と踏んでいました。そこを乗り越えられれば、実績を積み重ねることでのモラール(士気)が向上し、また完結報告書の作成が遅れている人がいる場合などは、周囲への目配り気配りを含めた思いやりや行動が期待できると考えました。気配りや思いやりは、自らの認識が重要と考えました。

(3)　検証

いままで月1回の会合しかしていなかったサークルが、本当にできるのか、プレ期間を2カ月設け、会合3回、サークルトレーニングなど、重点活動を実際に実施し、検証しました。慎重にメンバーの反応や雰囲気などを総合的に見極め、その結果、実行可能と判断しました(図9.6)。

(4)　活動計画作成

なぜこの活動をやるのか、何が必要なのか、重点活動の決定からプレ期間の間、何度も何度もサークルで話し合い、自分たちの思いを形にしていき2018年12月20日に、ついに2019年のサークル活動計画が完成しました(図9.7)。

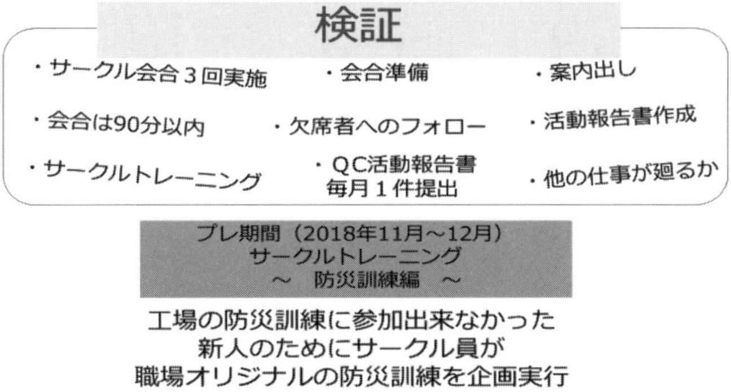

図 9.6　検証

(5)　第 1 回本音アンケート

　活動から 1 カ月が経ち、勤務シフトの変更で早出残業が増加するなど、活動環境が悪くなる中、上司からリーダー 1 人が突っ走っていないか、との助言を受け、サークル員に本音アンケートを実施しました(表 9.2)。

　図 9.8 に、あるメンバーのアンケート結果の一部を紹介します。1 月から開始したサークル活動について、サークル会合でいろいろな角度から物事を考えられるようになったなど、一定の効果は感じているようですが、自分が変わる必要はない、メンタル的に休める場がないという内面の悩みも見受けられます。

(6)　サークル員への働きかけ

　ことばには真意(底意)と表意の二面性があることは、先に紹介しましたが、このアンケートの真意を確かめるため、サークル員にヒアリングを行いました。その結果、アンケート内容と相違はありませんでしたが、面談したことで、文章だけでは読み取れない、感情の度合いや内に秘めた思いを知ることができました。

　そこで、インプットした情報から相手に何が必要なのかを考え、活動

第9章　ことばのデータの活用事例

2019年Aサークル活動計画

2018年12月20日

活動テーマ 「 小集団改善活動における 自律型人財への挑戦 」

活動目的

「 小集団改善活動を通して、自分で考え、自分で行動できる人財になる 」

2019年 スローガン 「 みんなは一人のために、 一人はみんなのために 」

＜重点活動＞

1. サークル会合は月3回。(基本乙番最終日だが、時間内で開催出来る場合は前倒し)
   ①類災検討、作業手順見直し。 ＊作業手順の見直しについては、1人での見直しから全員で実施する。
   ②トレーニング。 ＊企画長制を導入し、今年は安全に特化したサークルトレーニングを企画。
   ③AC戦略会議。仕事で困っていること、、問題点の抽出、深堀、対策案のアイデアだし、手法勉強会等を実施。
2. サークル会合欠席者については、各担当者から会合内容を必ず伝える。欠席者は議事録メモに出席者同様に自筆でサインすること。
3. 日程調整統括は、2019年1月～6月 松浦 7月～12月 小松 2020年1月～6月 三上 7月～9月 松浦 10月～12月 小松とする。
4. PDCA(計画、実行、反省、改善)のサイクルを廻すため、報連相(対話)を強く心掛けること。
5. 各案内は ***遅くとも*** 前月29日までサークル員に送付すること。

氏名	2019年 行動指針	2019年 自己実現
田中	高い志と思いやりの心で率先垂範	関東支部運営事例大会金賞獲得
鈴木	対話を軸に事前準備・連絡を徹底する	サークル会合年間スケジュール(全36回)達成
木村	報連相を徹底し対話と企画を充実させる	AC完結1件/月達成と締切日の遵守
佐々木	話し合う場で積極的に発言する	AC&M活動で安全感度を向上させる
井上	報告、連絡、相談の徹底及び習慣化	AC完結毎月1件達成

	1月	2月	3月	4月	5月	6月
サークル会合	7日類災、標準 19日トレーニング 31日AC戦略会議	1日類災 12日トレーニング 24日AC今年度反省	4日類災、標準 8日トレーニング 28日AC次年度方針説明	4日類災、標準 4日トレーニング 11日AC戦略会議	3日類災 15日トレーニング 27日AC戦略会議	8日類災、標準 20日トレーニング 5月29日に決定
作業標準見直し 担当 作業標準名	7日 上家 停電発生時の設備 復旧処置手順	―	4日 菅 1DS通板中のシャー前 後面Taでの品質チェック 作業	4日 松、三上 NO6反転機での歯チェック 1DS下刃合手入作業	―	8日 菅 1DS上下刃手入れ作業
類災検討 担当 所安全衛生委員会より	7日 上家 類災	1日 松 類災検討	4日 菅 類災検討	4日 三上	3日 上家 提出あり	8日 倉迫
トレーニング 企画長 テーマ	19日 上家 2019年安全活動理解度 テスト、KYボード活用演練	12日 松 安全作業手順を用いて 1DS下刃合手入作業 危険作業の洗出し KYボード活用演練	8日 菅 環境防災テスト実施 ＋解説実施	4日 三上 鋼板 GAS切断作業及び 準備訓練 準備を1から行い不安な 点をなくす	15日 上家 2019年前半振り返り 安全成績 災害の傾向 理解度テスト	20日 倉迫 過去に経験した災害、環 境防災トラブルの談話
AC戦略会議 担当 毎月1件報告書完結 27日まで林幹事へ提出 事前に上家まで提出	31日 上家 → 自律型人財とは 層別図解にて思考整理 言葉の抽象度について	24日 松浦 2018年度下期反省 サークル活動の意義	28日 2019年度活動方針説明	11日	27日	5月29日に決定
その他				日本製鉄へ社名変更		28日 所内AC&M大会

	7月	8月	9月	10月	11月	12月
サークル会合	2日類災、標準 14日トレーニング 26日AC戦略会議	7日類災 19日トレーニング 31日AC戦略会議	12日類災、標準 24日トレーニング 8月29日に決定 AC戦略会議	6日類災 18日トレーニング 30日AC戦略会議	11日類災 23日トレーニング 10月29日に決定 AC戦略会議	5日類災 17日トレーニング 29日AC戦略会議
作業標準見直し 担当 作業標準名	2日 松 NO6反転機品質チェック 作業	―	12日 三上 1DSバルブ(エアー)取扱い 作業	―	―	5日 上家 2020年活動計画策定
類災検討 担当 所安全衛生委員会より	2日 松	7日 菅 提出あり	12日 三上	6日 菅	11日 松 提出あり	5日 三上
トレーニング 企画長 テーマ	14日 松 故障報告書を用いて 危険作業の洗出し KYボード活用演練	19日 菅 防災訓練実施 (2018年12実施後反省ふまえて) ※放水実施	24日 三上 設備点検 全員で点検し点検時の危 険個所を上げ 対策を作る	18日 菅 長体で消火栓のフラッシ ングを実施 トレーニングで防災リスク の連絡確認と職場パト	23日 松 2019年後半振り返り 安全成績 災害の傾向 理解度テスト	17日 三上 OSS・RSSの電源と設備 の関係確認 電気室での電源入・切を 不安なく行えるため
AC戦略会議 担当 毎月1件報告書完結 27日まで林幹事へ提出 事前に上家まで提出	26日	31日	8月29日に決定 2019年度上期反省	30日	10月29日に決定	29日 →
その他	12日関東運営事例大会 目指せ！金賞！					

図 9.7　2019 年サークル活動計画

表9.2　第1回　サークル員の本音アンケート

調査目的	サークル員の本音調査(事実データ)
対象者	頑張ろうサークル　サークル員
収集期間	2019年2月2日〜2月7日
記入項目	• どのような人生を送りたいか • どのような人間になりたいか • あなたが思うリーダーシップとは • あなたが思うコミュニケーションとは • あなたが思う思いやりとは • あなたが思う信頼関係とは • 1月から開始した新サークル活動について • よいところ、イマイチなところ

注）　サークル員には、建前抜きで自分の思いを正直に書くよ
　　うにお願いしました。

図9.8　あるサークル員のアンケート結果

の意義、自律とは何かを、層別図解法で思考し、整理しました(図
9.9)。またことばのデータにより思考を強化しながら、価値観をそろえ
ることとしました。あるメンバーは、3月に企画長を控えていました
が、若年ながら自らリーダーを体験することで、達成感を味わってもら
えるよう後方支援を進めました。これが、このアンケートがもたらした
アウトプットです。すなわち、思考(考え方)が行動に影響を与え規定し
たのです。また、自分の思いを書く、話す、すなわちアウトプットする

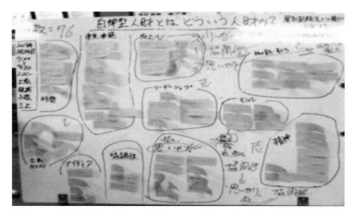

図9.9　「自律型人財とはどういう人財か」の層別図解法で作図

ことで、思考や気持ちの整理ができたようです。

（7）　中間報告

　2019年1月の活動から3カ月が経ち、サークル員の変化を確認するため、第2回本音アンケートを実施しました（**図9.10**）。その結果、あるサークル員は、3月の企画長の経験から、自分が変わる必要があると思うようになりました。すなわち、思考が変化したのです。

　なぜ思考が変化したのかをヒアリングした結果、変化のポイントは、3月の企画長就任でした。今までは、サークルリーダーや先輩からの指示で行動していたことが多かったのが、会合日程の調整、サークル員や上司への連絡、サークルトレーニングの企画実行、資料準備、会合の司会、報告書作成、会合欠席者へのフォローなど、自らがリーダーとなり行動したことが、自分の視点や考え方を変えることにつながり、その結果、今まで味わったことのない成功体験が生まれ、達成感につながったということでした。

　特に若手は、日ごろラインオペレーターとして働く中、会議の司会な

図 9.10　第 2 回本音アンケートの結果

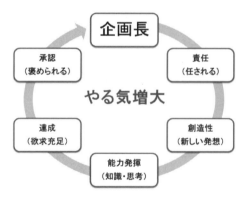

図 9.11　やる気増大のサイクル

ど、周囲を巻き込んでのリーダーシップを発揮する場が少なかったので、企画長制を導入したことによって、思考力や行動力の強化につながったのです（**図 9.11**）。

　2019 年 12 月で活動から 1 年が経過し、改善すべきところはまだありますが、図 9.7 で示した目標を、毎月計画どおりに達成しています（**表 9.3**）。数値データを見ても、会合回数、完結報告書ともに、以前と比べ

第9章　ことばのデータの活用事例

120

表9.3　2019年1月〜2019年12月

活動前	目標	活動後
作成なし	2019年Aサークル 活動計画作成	・2018年12月20日作成完了
毎月1回	毎月サークル会合3回	・毎月3回 継続中 ・月3回＋α×10カ月＝34回
年3件/人	毎月全員QC活動報告書 1件/人	・毎月全員1件提出継続中 ・1人×10カ月＝10件 ・5人×10カ月＝50件

ると非常に大きな成果を残していることがわかります。しかし、この数値データだけではわからない、また計れない価値が今回の活動にはあります。

9.5　ことばのデータにより得られた価値

QCサークル活動の中で、ことばのデータから得られたものを以下に示します。

- サークルや自分の内面を層別図解法で図解化して思考の見える化をしたことで、自分たちの克服すべき人間的な課題が明確になった。
- 対話の場を増やしたことで、サークル員の思いを共有でき、自律型人財を目指すための価値観をそろえることができた。
- 価値観や思考の水準を上げたことで、自助だけでなく互助も扶助も可能となり、従来以上に、一緒に活動する価値をそれぞれが理解できた。
- 活動計画の作成でサークルの目標、スローガン、個人の行動指針、自己実現を設定したことで、士気を高められた。
- 企画長制を導入し、全員がリーダーとして何が必要かの具体的な心

構えやメンバーへの接し方、と自らの覚悟を学べた。

- 全員が毎月1件完結報告書を提出することで、自分にもできると自信がついた。
- 本音アンケートと、ヒアリングにより真意を共有し自分を見つめるきっかけとなった。

　以上が、筆者が自身のサークルで実践したことです。仕事で「ことば」を活用するときは、どうしても構えてしまう傾向があります。仕事を進めるうえで、ここが大きなネックになります。

　この問題を解決するためには、サークルリーダーは、月1回でもよいのでサークル会合を開催し、対話の時間を作る、これが重要です。そして、「考える、書く、話す、見る、読む、聞く」を会合に取り入れるといいでしょう。会合は雑談から入り、かしこまった空気を和ませることも大切です。また、その中で、本書で紹介した「思考の見える化で心がける7つのポイント」を参考にするとよいと思います。ことばを活かすのも、人をやる気にさせるのも、あなたの使い方次第です。仕事だけでなく、有意義な人生を送るためにも、「ことばは思考に影響し」、「思考は行動を規定する」ことの価値を、ぜひ見出してください。

【ミニ演習】

問9.1

　本章から、あなたがこれはいいなと思った主な事柄を列記してください。

第9章　ことばのデータの活用事例

ことばのデータ
の教育

10.1　QC 手法の教育とことばのデータ

（1）「ことばのデータ」の教育

　QC サークル千葉地区では、特性要因図、連関図、マトリックス図、親和図、層別図解法、系統図、PDPC 法など、ことばを扱う QC 手法の教育には、その前段のカリキュラムで「ことばのデータ」を教えています。

　以前は、手法の作成手順を解説する前段で、つけ足し程度に「ことばのデータを扱う際には体言止めはいけない、ことばのデータは主語述語で具体的に書くこと」を口頭で教えるだけでした。しかしその後、各手法でことばのデータ化が上手にできない、要約カードが書けないなど、ことばのデータを扱う教育に限界を感じられるようになりました。

　その原因について検討したところ、手法を使うにはことばのデータについての理解を得ることが重要だと気づきました。そこで、ことばのデータの定義や解釈を整理し、独立したカリキュラムを設けました。

　このカリキュラムでは、そもそもことばとは何か、数値データとの違いやことばのデータそのものの価値、ことばのデータの種類、ことばのデータには切り離せないことばの抽象度の考え方、ことばのデータのまとめ方や作り方を教えています。それにより、ことばのデータを取り扱う QC 手法の理解と演習が、以前よりスムーズに進むようになりました。

（2）　受講者のネック

　そんな中で、ことばのデータを扱う QC 手法を学ぶセミナーで、受講者にとってネックとなる工程が主に 2 つあることがわかりました。

　1 つは、ことばのデータを表現する工程です。頭の中にはことばのデータになるものがあるにもかかわらず、それをことばのデータとして書き出すことができない人が、圧倒的に多かったのです。

　もう1つは、ことばのデータをグループ化したあとで、そのグループを代表する要約カード（親和図法の表札）を作るのが苦手な人が多いということです。ここは、作図目的に直結するアウトプットを求める重要な思考工程ともいえます。

　QC サークル千葉地区では、ことばのデータを出すための工夫として、連想的にことばのデータを出すマンダラート法を活用したり、要約カードを上手に書くために、ことばの抽象度の理解を深める工夫をしました。加えて、QC 手法セミナーで得られた新たな知見を反映して、試行錯誤をくりかえして現在に至っています。

　本書の内容は、こうしたプロセスを経て得られた知見がもとになっています。効果的な QC 手法の研修のあり方、進め方について、今も継続して研究していますが、現段階で有用な知見も得ているので、以下に紹介します。QC 手法、とりわけことばのデータを取り扱う QC 手法を教える際に、有用となると考えています。

10.2　数値データ系手法とことばのデータ系手法での教育の違い

　Q7 は主に数値データを取り扱う手法ですが、数値データを取り扱う手法の解は1つで、演習問題でも正誤が明快です。したがって、講師がもつ手法の知識や情報をもとに、受講生に計算方法や作図手順を教えれば、受講生はその情報を吸収しやすく、そのままセミナーで習ったことを自分の職場で活用したり、社内教育などへ展開することが容易です。

　一方、N7 に代表されることばのデータを取り扱う手法は、解は1つではなく、自ら考える必要があります。これを実用レベルで教えるには、講師と受講生の双方向による情報交換が必要です。講師がもっていない情報を受講生がもっている、というケースが多々あります。ここ

に、ことばのデータを扱う手法教育の難しさがあります。

　本来、受講生の多様な特性に対応するには、個々に対話するなどの個人教育が最適です。しかし、QC手法教育は一般に集合教育であり、それが叶わないため、講師はごく一般的な汎用例、たとえば「交通事故をなくすためにはどうすればよいか」といった、受講生の職種や立場に関係しない一般的なテーマを課題として提示し、講師の知識の範囲内で受講生と情報交換できる方法がとられます。しかし、こうしたテーマで演習を行っても、仕事で本当に困っている、生々しい核心部分に迫れないという事例を数多く体験してきました。

■ 10.3　ことばのデータを取り扱う手法教育の現状

　また、N7などのことばのデータを取り扱う手法の教育は、社内外を問わずさまざまな組織で行われていますが、QC大会や『QCサークル』誌掲載の手法活用状況を見ると、マトリックス図、系統図、特性要因図の活用頻度が多く、活用される手法の偏りが顕著です。

　また、その活用方法も、検証が欠落しているケースが多いなど、正しい活用事例よりも、発表の見栄えをよくするための後付けのアクセサリーのようになっているものが多く、危機感すら感じます。

　また、何のためにその手法を使うのかという本質部分の教育が欠落しているため、報告書の体裁を整えるために作成手順などで習ったことをトレースしているだけ、という作図を見かけます。

　こうした形だけの活用事例になってしまう原因は、研修で教えられた手法を自分の現場の改善活動に実践的に使いこなせていないことではないか、と考えました。この推論は、実際に研修後のアンケートなどでは、研修で習ったことを自分の職場でどのように活用してよいかがわからないという回答が多く見られたため、検証できました。野球に例える

と、研修では素振りだけ教えているので、試合でピッチャーが投げた球が打てない、ということです。

10.4　ことばのデータを職場で活用するための研修モデル

　ここで、QC サークル千葉地区で得られた知見から、現時点で最適と考えている研修カリキュラムを示します（**表10.1**）。

　このカリキュラムのポイントは、研修で習ったことばのデータを使って実際に職場で手法を活用してもらい、受講生の力がつくまでフォローすることです。受講生は自分が習ったことを職場の仲間に教えながら職場のグループで作図して講師に送り、講師はそれを添削して送り返すという双方向の情報交換が必要となります。

　これは、講師にとっても、受講生にとっても負荷が高いカリキュラムだと思いますが、1日研修に参加して習ったことが実務で使えずに、一生を終えるよりは、手法習得の段階でわずかな負荷をかけるだけで、実務に使えるようになるため、受講生はもちろん、講師にとっても大きなメリットになります。

10.5　カリキュラム実施時のポイント

　以下に、実際にカリキュラムを実施してきて判明した、カリキュラムを実施する際のポイントを示します。

　①　カリキュラムのテキストは受講生の特性に合わせて編纂する

　内容、事例、用語（業界用語を含む）など、受講生の特性をよく吟味し、それに合ったテキストを使用します。

　②　講師の体験した事例を使用して各カリキュラムを解説する

第10章　ことばのデータの教育

表 10.1　図解手法研修での推奨カリキュラム例

No.	カリキュラム名	内容
1	ことばのデータの解説	1）ことばのデータの重要性の解説 　第Ⅰ部で紹介していることばのデータの定義や本質的な価直、特性などを解説する 2）ことばのデータは事実と私見の2種類区分 　種類区分を単純明快に、わかりやすく理解する 3）ことばのデータには抽象度がある 　抽象度を昇降すること自体に思考活動の価値がある（抽象のハシゴ＝ラダー効果）抽象度の高いことばは、広い概念や視点で物事を俯瞰できる。一方、抽象度の低いことばは物事の細部を見極める。このハシゴの昇り降りが、一つの思考活動となる
2	ことばのデータの出し方の工夫	頭の中にあることを「上手に書こうとしない」、「知っている文字でそのまま書く」、「メモする習慣」など、本書で紹介している工夫を解説する。QCサークル千葉地区の研修では、マンダラート法を使って強制的にことばを頭の中から出すカリキュラムを導入して、研修受講生が困っているステップを克服する工夫をしている
3	各手法の活用目的と作図の必要性の理解促進	• 仕事の改善テーマが見つからない • 小集団改善活動のための会合がもてない • 何のために改善活動をやるのかわからない • 自分の仕事の意味や、働くことに悩んでいる • 毎日やらされ感で仕事をやっている 　こうした仕事や改善活動に関する、本質的な悩みに切り込むために、ことばのデータによる手法は欠かすことはできない
4	作図の個人ミニ演習とグループでのミニ演習	個人ミニ演習は個人思考の習得、グループ思考はに集団思考（情報＋情報＝新たな情報）の習得のためのものである
5	業務テーマをもとにした作図の個人演習	実際に、自分自身がいま一番困っていることを研修テーマとして演習する。そのテーマはできれば上司と相談のうえ、事前に研修事務局に登録する

表 10.1　図解手法研修での推奨カリキュラム例（つづき）

No.	カリキュラム名	内容
6	アフターフォロー教育	研修で演習した初歩的な取り掛かり作図を自社に持ち帰り、内容を現場の中でくわしく吟味して作図を完成させる
7	評価	作図を完成させる過程での疑問点は担当講師にメールなどで相談して、講師の添削を受けながら実践活用できるレベルに仕上げる。完成作図は上司に報告後に、担当講師へ提出して評価を受ける。講師1人につき、5人程度の受講生の担当が限度と判断している。講師は、添削指導をすることで、手法教育のネックエンジニアリングを探究するとともに、業種固有技術やテーマの背景などの知見を広げるなどの効果が期待できる

実際に講師が体験した事例を使用することで、受講者に対して、作図目的の動機づけを明確に解説することができます。また、なぜその手法を活用したか、目的をわかりやすく説明できます。

③　カリキュラムのテキストや事例は、担当講師のオリジナルを使い、使い回しは避ける

講師自らが作成した事例のほうが、作図目的とその効果を含めて、受講生の理解は進みます。

④　手法のミニ演習では、作図手順が理解しやすいものを個人演習とグループ演習の2本立てで行う

⑤　アフターフォローでの自分の職場での作図は納期を決めて行う

10.6　これからのことばのデータ教育

最後に、これから QC サークル千葉地区で取り組もうと企画している研修について紹介します（表10.2）。現在、QC サークル千葉地区では、管理者、推進者、QC サークルリーダー、メンバーの多くの方々を対象

表 10.2　ことばのデータ手法教育改革案

改革案	野球に例えると	従来の N7 教育
ことばのデータ解説	キャッチボール （捕る、投げる）	N7 概論解説 言語データ論
当該手法の活用目的 なぜ作図が必要か	チーム目的の共有	当該手法の機能
当該手法の作成手順	素振りのバッティング	当該手法の作成手順
ミニ演習	素振りのバッティング	ミニ演習
業務テーマの個人演習	トスバッティング	個人またはグループ演習
アフターフォロー教育	模擬練習試合	発表
評価	→企業内での実践	総括

にして、QC 活動に関する研修を行っています。しかし職場で使える QC 手法や QC 的ものの見方・考え方を企業現場に浸透させていくには、その企業、業種に特有のテーマに深く入り込んで行く必要があると考えています。

　したがって、今後はこれまでの研修に加えて、各企業で QC 関係の教育を行う立場の方々を対象に、社内で講師ができるようになることを目的とした研修を立ち上げる予定です。この企画の目的は、QC 手法や QC 的ものの見方・考え方を、現場の実際の仕事に結び付けることで、仕事の見直しや価値を高めるために、QC の知識を実践活動に導こうとするものです。QC 教育に携わる方々には、ぜひ現場の実際の仕事を意識した教育の工夫をおすすめします。

仕事の改善に
役立つことば

　筆者は若いときから QC サークル活動に関わってきました。はじめは一人のサークル員としてスタートし、サークルリーダー、支援者、推進者、QC サークル千葉地区の幹事、そして地区長と立場を変えながら活動を続ける中で、多くの方々と出会い、たくさんの経験をさせていただきました。その中でいろいろな「ことば」にめぐりあい、折に触れて勇気づけられたことに大変感謝しています。

　ここでは、これらの出会った方々が残してくれた貴重な「ことば」の財産を紹介します。

▌1.　やれでやるよりやるでやれ

　最近、QC サークル千葉地区の研修会や大会の参加者にアンケートをとると、「QC サークル活動をやる時間がない」、「QC サークル活動のテーマが見つからない」といった、他責・依存型の意見を耳にすることが増えました。今、多くの現場で教育不足、技能技術の伝承不足が顕著になっている中、働き方改革などでの QC サークル活動時間への制約など、逆風に見舞われています。しかし、そもそも QC サークルは、戦後の復興期に、現場の職長さんたちからの「自分たちの仕事を改善していきたいんだ」という声から生まれた、誰かに「やれ」といわれて始まった活動ではなく、自分たちから「やる」と始まった活動です。

　ところが、時代が経つにつれて、それがだんだん上司や会社からの「やれ」でやる活動、つまり現場にとっては、やらされ感がある活動になってきました。その結果、目に見えて QC サークル活動は衰退してしまいました。日本の製造現場の品質が揺らぎ始めたのは、この QC サークル活動の衰退が大きく影響しているのではないかと思います。「やるでやれ」とは、時間外労働規制がある中でも、自分たち自身で知恵と工夫で時間を作り、自分たちの仕事を見直し、効率よく、楽なものにし、

さらに安全に高品質なものをたくさん生産できる体制を作り上げるということです。今、コンピュータの進化により、まるで改善する必要もない完全な仕事が行われている、と誰もが勘違いしているのではないでしょうか？　どんなに業務がコンピュータ化されたとしても、仕事はもちろんのこと、この世の中は「変化」の連続です。コンピュータやAIは、確かに人間よりも優れた機能を発揮する場面もありますが、その多くは一定の与えられた条件下で発揮する能力です。私たち現場で働く人間は、刻々と変わる状況に応じて、柔軟に判断したり、アイデアを考えたり、問題の本質的な構造を分析してその解決を図る能力をもっています。この能力はQCサークル自体、すなわち働く人間だけがもつ、いつの時代にも欠かせない、時代を超えた優れた機能ではないでしょうか。

　私たちの仕事の中には、昨日まではこれが正解だ、という仕事が、今日も正解だとは限らないものがあります。その変化は、上流工程の事情や市場やお客様のニーズだけでなく、私たち自身が掘り起こした、もっとこうしたらいいのではないか、という疑問からも発生します。この変化に対応することが改善であり、PDCA、つまり管理のサークルを回すことであり、QCサークル活動にとっても大切な役目です。そして、何よりそれが現場で働く私たちの仕事そのものであるはずです。

　だからこそ、自らの意志により「やるでやる」ことで、仕事は楽に楽しいものになっていくのです。この言葉の意味は、実際にそうしてみないとなかなか理解できません。一度でいいので、「やれでやるよりやるでやる」を実行してみてください。

2. 汗出せ、汗の中から知恵を出せ、それが出来ぬ者は辞表を出せ

　このことばは、筆者が若いころ、職場でよく使われていました。現在

では、前段はともかく後段はパワハラといわれるかもしれませんね。このことばの趣旨は、「とにかく仕事に邁進して汗をかこう、その汗をかく中でもっと安全に、楽に仕事ができないか知恵を出そう」です。しかしながら、私たちは企業の組織の一員として「労働力」を職場に提供することで、その対価として、日々の生活に必要な給料を受け取っているのです。であれば、ただダラダラと勤務時間を過ごしていていいのでしょうか？

　少なくとも、筆者自身には、それはただ一度の貴重な人生をムダに過ごすことと同じで、こうした人生の浪費にはとても耐えられません。ただ単に目標もなく時間を見送るだけでは、働く喜びや実感が得られないでしょう。これは年齢に関係なく、それがどんなにつまらない生き方か、ということです。そんなことは誰もがわかっているはずです。

　一方、人は誰しも、苦労よりも楽をしたがる傾向をもっています。いつの間にか、心の中に安易な怠け心が忍び寄ることがあります。そうした怠け心をわが身に寄せ付けず、自分自身の人生を、充実した産業人として自立させよ、というために、「汗出せ、汗の中から知恵を出せ、それが出来ぬ者は辞表を出せ」ということばが現場で語り継がれてきたのです。この言葉は、単に働けといっているわけではありません。自分で仕事を楽しくするために、先輩がだらけた気分を見抜いて発破をかけてくれたのだと、今は心から思えます。

3. 他人と昨日は変えられないが、自分と明日は変えられる

　QCサークル活動に限らず、人として生きていく限り一生ついて回ることですが、自分が一番に影響を及ぼすことができるのは自分であり、自分を変えることで明日を変えることができるということです。

　今の自分がおかれている状況は、すべて自分が創り出したものであり、他人や環境のせいではありません。もし現在の自分の状況がよくないとしても、それは決して他人や環境のせいではなく、その多くは自分に起因しています。

　もちろん中には自分でコントロールしにくい、運や機会の要素がまったくないということではないにしても、それらは自分に起因する要素に比べると圧倒的な要因ではありません。現在の自分のよくない状況が他人や環境に原因があるなら状況を変えるのは難しいですが、自分に原因があるのなら自分を変えることで状況を変えていくことができます。そして、そうした「考動」は、周囲に影響を与え結果として、仲間や職場も変えることができるのです。「他人と昨日は変えられないが、自分と明日は変えられる」と、QC サークル活動における数々の体験からそう確信しています。

▌4. 楽しくやろう JK 活動

　特に鉄鋼業界の多くの企業では、QC サークル活動などの小集団改善活動を JK 活動(自主管理活動)と呼んでいます。JK 活動は、現場で働く人にとっては、プロとして評価を受ける中で、プロセスを掛け値なしに評価してもらえる数少ないものの一つではないかと思います。JK 活動が辛い、苦しいという弱音をときどき耳にしますが、個人・サークルの成長にとって、成長のプロセスを大切にすることは非常に有意義なことです。時には責任感ゆえのプレッシャーを感じることもあると思いますが、それにもまた大きな意味があると思います。毎年、新入社員がメンバーとして加入します。まずは自分の得意分野から JK 活動に入り、数々の役割を担うことでメンバーとして成長し、次に後輩の指導ができるまでに成長し、楽しく活動しています。どうせ仕事をやっていくのな

付　録　仕事の改善に役立つことば

ら、おもしろいほうがよい、自主管理活動が業務であるとかないといっ
たことにとらわれず、この誰もにとって有利な制度を活用し、人間とし
ての幅を拡げ、自分の能力を伸ばし、サークルを伸ばし、その結果会社
が発展することを喜びとする大きな気概で、JK 活動、そして日常の業
務を楽しんでもらいたいと思っています。つまり、「楽しくやろう JK
活動」です。

▋5. 一つ上の目線で考える全体最適

　QCサークルの活動や現場の仕事の進め方でも、常に部分と全体とい
う概念でものを考える必要があります。この考え方は、QC 的ものの見
方・考え方で重視されていますが、筆者のQCサークル千葉地区地区長
としての体験からいえば、地区の特殊な事情を反映した視点から、いか
に上部団体の関東支部や QC サークル本部の視点に広げるかということ
です。
　地区の事情と全国の事情をどのようにバランスをとり、全体最適を図
るかと考えるとき、より上位の広い視点でものごとを判断する必要があ
ります。つまり、部分より、より広い上位の品質や利益を優先する考え
方です。しかし、それは部分、この話でいう地区の事情を無視するとい
うことではありません。長期的には、上位の全体最適を求める中で、必
ず地区の改善も図れるということを実感してきました。
　何かを改善しようとすると、改善そのものには賛成だが、実際にその
改善が自分の仕事に何らかの影響を及ぼすとした場合は反対、つまり
「総論賛成、各論反対」ということが職場でもよく話題になりますが、
これは全体最適にはまったくなじまない考え方です。もちろん全体最適
だからといって、安易に個を犠牲にする考え方ではありません。個を尊
ぶからこそ、その延長としてあるいはその積算として全体を尊ぶと考え

たいのです。

　QC的ものの見方・考え方で間違って解釈されがちなポイントに、前工程と後工程との関係があります。後工程は絶対だと勘違いされることがあるのですが、全体最適によるメリットはそのような狭小な考え方からは生まれるものではありません。後工程においても、前工程が仕事をやりやすくするための方策を考えることが今では必要です。これは決して自己犠牲などではなく、全体としての1つの大きな目的を遂げるために必要な手段です。企業責務をいかに正しく認識するかで、あるべき全体最適の視点がもてるのではないかと思います。つまり、「一つ上の目線で考える全体最適」の考え方を仕事に活かしていただきたいと思います。

6. 記録のないものは管理（マネジメント）の対象にならない

　日本の品質管理の黎明期に大きな足跡を残したジュラン博士は、「記録のないものは管理（マネジメント）の対象にならない」と強く指導されました。まさに記録は品質管理の前提です。ここでいう記録とは、日本新記録といった達成度合いを表す記録ではなく、会議の議事録やデータなどの情報のことです。歴史的に見ると、古代メソポタミア文明でのくさび型文字での分配や在庫管理の記録がその始まりのようです。そこから、紙や鉛筆の発明など記録媒体、方法の進化に伴い、記録の内容そのものが充実化されていく中で、現代においては、たとえばデータの収集や分析など、多くのステップで電子化が進展しました。

　一方で、どの文明、時代においても、明確な媒体に記録されず、口頭のみで後世へ伝えていく口承というものが残っており、特に情報の秘密を関係者のみで守りたいような情報の伝達には重宝して使われていま

す。それは、情報が電子化された現代においても情報管理、特に情報漏洩問題などが顕在化していることからも重要な守秘のための一つの方法であることには違いありません。

　次に記録の必要性について考えます。1つ目は、責任の所在の明確化です。たとえば発言の責任を記録に留めておくことで、発言者としての責任が明確になります。また、2つ目には、まさしく見える化であり、関係者やそれ以外にも情報を開示することで新たな発想への展開が図られます。

　ここで、口承などの文化をもつ組織で発生しがちな、暗黙知を形式知化することに注目します。特に日本では、曖昧さを受け入れる風土から、コツや手順などを暗黙知化する傾向があります。形式知化の第一歩は記録であると考えます。あらゆる議事の記録から始まり、日々の仕事の結果の記録、そしてその結果を生み出す仕事の内容の記録といった段階を踏んでいけば、暗黙知の形式知化が難なく受け入れられ、後世へつながるような立派な記録が残る文化・風土を持った組織が創れると確信します。

　デジタル化した現在では、動作分析などでは「メモモーション」という記録方法が有効です。これは、1日の動作を30分に短縮化し、特徴やムダを分析したり、逆にスローモーションで実際には目で見えないものを拡大化する方法ですが、いずれにしてもこうした記録のあるものは、管理の対象となり、「記録にないものは管理の対象にならない」と肝に銘じたいものです。

7. 分けることはわかること

　層別の考え方とは、「分けることはわかること」ということです。QC七つ道具は具体的な「手法」ですが、「層別」は「考え方」です。品質

管理では、「データで話し、判断し、考える」といわれますが、対象(事実)を層別することは、対象の特性を把握するうえで必要な第一歩です。対象が、人であっても、ものであってもそれを層別することで、その対象の分布の状態が明らかになります。その分布をヒストグラムなどの図形処理に展開することで、そのデータの見える化につなげることができます。このように「層別」とは、データを条件や要因などで切り分けて調べる、という考え方です。つまり「分ける」ということであり、分けて「違い」を見つけ出すことです。この考え方は品質管理やQC七つ道具を活用するうえで不可欠のものです。

　たとえば、高校2年生の全員を対象に国語のテストの結果が、平均50点だったとします。担当のA先生は、何が悪く、どのような対策をとればよいかを考えるために、結果を以下の3つに層別して分析しました。

① 　担当講師で層別する
② 　クラスで層別する
③ 　問題の種類で層別する

　担当講師で層別すると、平均点にほとんど差がなくクラスで層別すると、B組だけ平均が10点以上下回り、ばらつきが認められました。問題の種類で層別すると、読解問題の正解率に比べて、漢字の書き取りとことわざ・熟語問題の正解率が低いことがわかりました。

　次にA先生は、以下のようにさらに詳しく層別することにしました。

① 　B組の中で点数別に層別して分布を見る
② 　漢字の読みと書きの問題を層別して正解率を比較する
③ 　ことわざと熟語の問題を層別して正解率を比較する

以上の結果、以下のことがわかりました。

・B組全員の成績が悪いのではなく、低得点層と高得点層に二分されている

- 読みと書きでは書きの方が正解率は低い
- ことわざと熟語では熟語のほうが正解率が低い

　この層別の結果によって、B組の成績が悪いのは、ことわざ・熟語や漢字の読み書きの正解率が低いことに起因するとわかり、それを改善すれば、全体の平均点が上がることが判明しました。

　このように、何が問題なのかを特定していく過程で、層別は欠かせない手法です。ちなみに、層別の考え方を土台にして、多くのことばのデータをわかりやすく処理する、層別図解法という新たな手法を、開発しその普及に筆者も携わり、「分けることはわかること」を促進しています。

■8. 人・もの・コトの関係性を考える

　人、もの、ことは、それ単体でも十分にその存在の価値はありますが、少し視点を変えて、人と人、人ともの、人とコトや、それぞれ相互の関係性に目を注ぐと、従来にない新たな価値や問題・課題などを知ることができます。筆者の体験でいえば、現場と下流工程の物流部門との関係性を考えた場合、下流工程の方々の仕事を考えると、この作業はもっとこうした方がいいのではないか？　という新たな気づきが生まれることがありました。このように、関係性とは、親子や職場の仲間などのようにその関係が直接見えたり、実感できる関係だけでなく、製造現場やエンドユーザーとの関係など直接的には見えにくい関係なども含めて、広く着眼する考え方をいいます。

　職場の仲間との関係性を高めるには、QCサークルなどの小集団改善活動は直接的な効果を得やすいですが、テーマによっては、自分たちだけではなく、他のサークルとの関係や上司や他部門との関係にも関心を広げることにより、その関係性によってより改善を進めることも期待で

きます。

　たとえば、携帯電話の普及初期に、お菓子の購入費が携帯電話の通信費の支払いに回された結果、若い女性たちに人気のあったお菓子が急に販売不振になった、ということがあったそうです。また、企業の残業時間管理が進んだため、残業手当の減少が、若者の車離れの一因になったとも聞いたことがあります。このように、ある事象の作用が他の事象に関係してくるということは、自分の仕事の競争相手が本当は誰なのかなどについても、意識して考える必要があるということです。本当の競争相手は誰なのかや、従来にない異業種の競争相手を探し出すなど、営業戦略上の考察などにも、関係性の概念は幅広く活用できると思います。関係性を単に人と人の関係だけに留めず、企業活動全般にわたって関係性の考え方を幅広く、柔軟に活用していきたいものです。

9. 独創だけでは得られないコラボレーション（共創）

　独創は、もちろんすばらしい創造的な思考や行動の結果としての評価を損ねるものではありません。独創の価値を正しく認識したうえで、さらに別次元のアプローチの一つとして、コラボレーション（共創）の価値を紹介します。美術や音楽の分野では、共演、合作、共同作業を意味し、あるいは企業内外の情報を一元化するネットワークを示すこともあります。しかし、ここではQC的な分野での意味として、ともに協力して働く（共働）、ともに創造する（共創）などの考え方を述べます。QCサークルなどの小集団改善活動に例をとれば、自分たちのサークルのテーマと関係あるテーマに取り組んでいるサークルと連携を図り、合同サークルとしてそれらのテーマを解決することは、まさにコラボレーションでの改善活動になります。

付録　仕事の改善に役立つことば

　また、エンドユーザーと開発担当者が商品開発初期から協力し、共同開発した商品は、顧客視点による新たな顧客価値創造になるなど、コラボレーションの概念は職場に大きな可能性をもたらしてくれます。すなわち、企業と顧客の共創、自社と異業種の共創、設計開発者が思いもよらなかったエンドユーザーの使い方の発見による顧客の感動や感性の融合など、コラボレーションは企業にとって市場創造や大きな可能性を含む考え方といえます。

　8. で述べた関係性から一歩進めて、社内での部門を超えたコラボレーションから、社外に共創のパートナーを求める方法も有効です。たとえば、製品を特に長時間酷使するヘビーユーザーの現場へ開発設計者を派遣して、社内テストでは再現しにくい不具合発生の実態を調査し、次期製品に反映する方法で成果をあげた事例もあります。

10.　感謝の気持ちが何世代にも伝わる「恩送り」

　最後に、筆者の職場に伝わっている「恩送り」について紹介します。一般的には「恩返し」ということばがよくつかわれますが、筆者の職場では、同じ意味ですが「恩送り」としています。先達から教えていただいた作業のノウハウや、安全や環境を守るために欠かせない心構えと覚悟など、無事に仕事のミッションを果たせた背景には、多くの方々の慈愛とご支援があります。こうしていただいた恩を、職場の後輩に送って、自分でいただいた恩を伝えていくことを「恩送り」と称しています。

　ですからこの「恩送り」は「恩返し」のようにそのときだけというイメージではなく、まだ見ない幾世代もの後輩にも送られる可能性を秘めていることばとして、「恩送り」を大切にしています。

新 QC 七つ道具
開発者の方々の
思いの伝承

1. 納谷嘉信博士からの宿題

N7 の開発者として知られている故納谷嘉信博士(大阪電機通信大学教授)は、1977 年に N7 を発表して以来、データとは数値データ、という当時の QC 界の考え方の方々に対して、ことばのデータの有用性やそこに含まれる新規性について、粘り強く発信していました。また、「N7 は管理者スタッフのためのツール」という誤解がいまだに一部に残っていますが、納谷博士や手法の開発メンバーだった故二見良治氏(大阪電機通信大学講師)などは、現場の QC サークルでの活用を当初から視野に入れていました。

N7 が世に出てまだ 10 年もたたない 1984 年に、筆者と、同じく納谷先生にご指導を仰いでいた富士電機株式会社の佐々木満氏に、納谷先生から「宿題」をいただきました。その内容は、QC サークルのための新QC 七つ道具の教育ビデオを発刊したいというものでした。

日本科学技術連盟の当時の N7 研究会には、東京と大阪に多くのメンバーが在籍していましたが、製造業では佐々木氏、事務販売サービス業では筆者が指名され、納谷先生が監修されるという企画でした。先生からは、具体的な役割分担まで指示いただき、N7 としては初めての教育ビデオの作成に当たりました。

もちろんアナウンサーや撮影など、映像化の専門家は第一人者のスタッフがそろい、万全の支援体制をいただきましたが、肝心のシナリオやロケーションの設定など、ソフトの重要な部分はすべて筆者ら 2 人に任されました。その結果、1 巻、2 巻は、千葉日産自動車株式会社の支援者混合モデルサークルに出演依頼し、QC サークルとして初めて N7 を使ってみる、とのストーリーで何とか完結させました。全 4 巻のこのビデオは DVD 化され、現在も息長く市販されています。

このエピソードでお伝えしたいことは、N7 は管理者スタッフのため

だけに開発されたものということではなく、広く産業界全体をカバーする QC サークルへの普及を、N7 開発メンバーの方々は、当初から真剣に考えておられたという事実です。

▋2．新 QC 七つ道具開発の本質的価値

納谷先生は、N7 開発の本質的価値を次の 7 つに定めました。

① 言語データを整理できる
② 発想を得ることができる
③ 計画を充実させることができる
④ 抜け、落ちをなくすことができる
⑤ 関係者にわからせることができる
⑥ 関係者の協力を得ることができる
⑦ 泥臭く訴えることができる

これらは、日常的な仕事の進め方や、現場の改善活動にも必ず役立つ、との考え方と理解しています。仕事のクオリティを高めるためには、職位や業種に限らず、N7 開発に込められた本質的価値を、広く普及することが必要です。

一方、前節で述べたビデオ制作の際、本書でいう「ことばのデータ」に関する納谷先生からのご助言は、一切ありませんでした。シナリオライターとして自ら考えなさい、ということです。ビデオの劇中のセリフやことばのデータカードを含め、ご一任いただきました。QC 界の中でまだ評価が定まらない N7 という新手法の啓蒙に携わる緊張感で乗り越えたビデオ制作でした。当時若かった筆者らにビデオ制作を委ねられた先生のリスクテークに、開発者の進取の気性を今も感じます。

3.「ことばのデータ」の問題が生まれた経緯

　その後、各種各階層向けのN7セミナーや改善現場で出会うこととなる「ことばのデータ」に関する疑問や困惑などの問題が顕在化するには、さらに月日の経過が必要でした。当時を振り返ると、N7開発者自身も、ことばのデータの定義やロジックの構築に関しては、ほとんど問題としていなかった、と理解しています。N7の啓蒙には、経営者、部課長コースや開発・営業部門コース、入門コースなど階層別教育への対応を急ぐ課題も目白押しで、さらには研究会だけでなくシンポジウムも重要なビックイベントでした。「N7開発当時から、なぜ「ことばのデータ」も備わっていなかったのか」というのは、後付けのクレームに似たものです。「ことばのデータ」は、先にN7という母体があって、その手法の教育と普及につれて、必然として後発的に生まれたものです。本書で紹介した考え方、定義、視点やアイデアの多くは、改善現場や手法研修会などの演習などの中から集められたもので、「なんだ、そうだったのか」というコロンブスの卵といえるものもあります。報告書の見栄えをよくするアクセサリーではなく、混沌とした事象を解き明かし、従来レベルでは達成できない改善を手にするために汗を流した中から生まれたアイデアや考え方や視点の集積が、この「ことばのデータ」です。

　こうした経緯を理解いただくことにより、N7開発当時の「数値データ以外はデータにあらず」との意見が強い状況下で、定性的なことばの本質的価値に目を向け、勇気をもって革新的な取組みを進めたN7開発者の方々の志の高さや先進性に、深い敬意を覚えます。

4. 「ことばのデータ」はもっと早く整理される べきだった

　本来、本書はN7が提唱されてから20年以内に整理される必要があったかもしれません。筆者自身を含め、多くのN7関係者や指導者、実際に現場で使う方々を含めてのことですが、数値以外はデータではない、との根強い声も一部に残る中で、ことばのデータを数値データで検証する、との考え方に固執し、ことばのデータの本質的価値を解明する努力を怠ってきた、といえなくもありません。ことばのデータの本質的価値を探求するより、N7をQ7に近い類似した効果を求めるツールというスタンスに縛られすぎたのではないか、と感じています。

5. ことばのデータのこれから

　ことばのデータがもつ、数値データにはない本来的な価値についての探究は、今でもそんなに多くはありません。しかし、科学技術の発展に伴い、ビッグデータやAIなど、ことばのデータが急速に注目を集めていますが、N7開発者が当初から描いていたであろうN7の本質的価値につながる「ことばのデータ」に関する探究は、まだ始まったばかりです。

　筆者らQCサークル千葉地区は、「ことばのデータ」の解明というアプローチを通じて、先人が想い描いた、日本の産業社会のために、経営者、管理者、スタッフ、現場が真に望む有効な支援ツールを届けたい、との想いを伝承したいと考えます。

ミニ演習の解答

解答 1.1
1. 誤　2. 正　3. 正　4. 正

解答 2.1
1. 正　2. 誤　3. 正　4. 正　5. 正

解答 3.1
1. 事実データ（実証可能なデータ）　2. 私見データ（意見）
3. 事実データ（実証可能なデータ）　4. 私見データ（意見）
5. 私見データ（予測・推定）

解答 4.1
考える、話す、見る、読む

解答 5.1
解答例：見える化することでさまざまなことがわかってくる。

解答 5.2
言い換え型（元号型）、箇条書き型（憲法型）

解答 6.1
① b. コンビニに水を買いに行く
② d. コンビニで水を買えた
PDPC 法ではことばは断定的に書くというルールがあります。また、

「e．コンビニに行く」は、目的が不明であり、ことばのデータとしては不十分です。

解答 6.2

　1．正　2．正　3．正

解答 7.1

　1．正　2．誤　3．正

解答 7.2

　「④　パトロール隊に助けられた」は、「スキーで骨折した」と原因→結果の関係が逆になっています。

解答 8.1

　解答例：

　A　お昼に食べていた人がいて美味しそうだったのでカレーライスを
　　　食べたい

　B　前の夜カレーライスなので残ったカレーでカレーうどんを食べた
　　　い

　C　お昼に食べたので焼肉は食べたくない

　D　昨日も食べたのでパンは食べたくない

解答 9.1

　解答例：要約カードは、主語＋述語で1つのカードは1つの意味を
　　　　　もつこと。

索　　引

監修者・編著者紹介

監修者
山本　泰彦　（やまもと　やすひこ）
1939 年　京都府に生まれる。

千葉日産自動車㈱専務、相談役、日産フォークリフト千葉販売㈱代表取締役など数
社の代表取締役を歴任。元 QC サークル千葉地区地区長。

現在、QC サークル千葉地区相談役、日科技連 N7 研究会東京部会所属。

著書に『層別図解法』(監修・共著、日科技連出版社、2016 年)がある。

編著者
猿渡　直樹　（さるわたり　なおき）
1965 年　福岡県に生まれる。

新日本製鐵㈱(現 日本製鉄㈱)君津製鉄所　ラインオペレータ、生産工程業務、
AC&M 事務局を歴任。

現在、NSM コイルセンター㈱　安全推進本部　安全推進部長、QC サークル千葉
地区顧問。QC サークル上級指導士。

著書に『層別図解法』(共著、日科技連出版社、2016 年)がある。

著者
井上　研治　（いのうえ　けんじ）
1949 年　福岡県に生まれる。

新日鐵化学㈱(現 日鉄ケミカル＆マテリアル㈱)　君津製造所　生産管理(試験分
析)、 JK 事務局を歴任。山九㈱に転籍後、AC 事務局を歴任。元 QC サークル千
葉地区幹事長、世話人。

現在、QC サークル千葉地区地区長。QC サークル本部認定指導員、『QC サーク
ル』誌編集委員、QC サークル上級指導士。

浦邉　彰　（うらべ　あきら）
1975 年　千葉県に生まれる。

QC サークル千葉地区主催の各種セミナーにおいて、主任講師を歴任。

現在、南総 QC 同好会幹事。

著書に『層別図解法』(共著、日科技連出版社、2016 年)がある。

上家　辰徳　（うわや　たつのり）

1975 年　千葉県に生まれる。

QC サークル千葉地区主催の各種セミナーにおいて、主任講師を歴任。

現在、南総 QC 同好会幹事。QC サークル本部認定指導員。

著書に『層別図解法』(共著、日科技連出版社、2016 年)がある。

藤岡　秀之　（ふじおか　ひでゆき）

1955 年　山口県に生まれる。

新日本製鐵㈱　君津製鐵所　線材工場　係長などを歴任。

2020 年 3 月、日鉄物流君津㈱　品質管理事務局 /QC 事務局を退職。

現在、QC サークル千葉地区副世話人。QC サークル上級指導士(C1539)。

著書に『層別図解法』(共著、日科技連出版社、2016 年)がある。

仕事の改善に役立つことばのデータ活用法

2020 年 6 月 27 日　第 1 刷発行

編　者	QC サークル千葉地区
監修者	山本　泰彦
編著者	猿渡　直樹
著　者	井上　研治　浦邉　　彰
	上家　辰徳　藤岡　秀之
発行人	戸羽　節文

検　印
省　略

発行所　株式会社　日科技連出版社
〒 151-0051　東京都渋谷区千駄ヶ谷 5-15-5
DS ビル
電話　出版　03-5379-1244
営業　03-5379-1238

Printed in Japan

印刷・製本　三　秀　舎